LEBEN mit MEERSCHWEINCHEN

Sigrid Tooson und Christian Ehrlich

mit einem Kapitel von Prof. Dr. Michael Fehr

NTV Kleinsäuger

Foto: I. Rezk Salama

Inhaltsverzeichnis

ISBN: 978-3-937285-54-2

1. Auflage 2008, Druck: Alföldi, Debrecen

An der Kleimannbrücke 39/41, 48157 Münster
Tel. 0251/13339-0, Fax 13339-33
www.ms-verlag.de
Verleger: Matthias Schmidt
Lektorat: Kriton Kunz
Layout: Ludger Hogeback - hohe birken

Vorwort

Meerschweinchen gehören schon seit vielen Jahren zu beliebtesten kleinen Heimtieren hierzulande. Dennoch weiß so mancher Halter nicht, dass die Nager ursprünglich aus Südamerika stammen und dort schon viel länger – seit etwa 3.000–6.000 Jahren – gehalten werden. Die Geschichte des Meerschweinchens als europäisches Heimtier ist damit verglichen recht kurz.

Meerschweinchen gehören zu den ältesten Haustieren des Menschen. Foto: C. Ehrlich

Seit 400 Jahren werden Meerschweinchen in Europa als Heimtiere gepflegt. Zunächst waren die niedlichen Nager vor allem ein Spieltier für die reichen Adeligen in Spanien. Seither traten Meerschweinchen einen Siegeszug durch ganz Europa und die restliche Welt an. Heute sind wir nicht mehr weit von dem Punkt entfernt, an dem das Hausmeerschweinchen dem wohl am häufigsten gepflegten Kleinsäuger, dem Kaninchen, den Rang als beliebtestes Kleintier streitig macht.
Trotz dieser Erfolge gibt es erst seit wenigen Jahren fachlich fundierte Literatur, die die Haltung von Meerschweinchen tiergerecht darstellt. Wir möchten in diesem Buch nicht nur die artgerechte Haltung der munteren Nager schildern, sondern auch einige Themen aufgreifen, die sonst kaum Erwähnung in Heimtier-Ratgebern finden. Dazu zählen Rassezucht und Genetik der Meerschweinchen sowie die ausführlichere Darstellung ihrer Biologie – denn nur wer weiß, wie die Tiere in freier Natur leben, wird auch ihre Bedürfnisse im Käfig nachvollziehen können. Zudem wurde auf ein tiefer in die Materie gehendes Kapitel über die Gesunderhaltung von Meerschweinchen Wert gelegt – denn noch immer sterben viele Meerschweinchen viel zu früh, weil ihre Halter erste Symptome einer Krankheit nicht erkannten. Wir freuen uns besonders, einen führenden Experten auf diesem Gebiet, Prof. Dr. Michael FEHR von der Tierärztlichen Hochschule Hannover, als Autor dieses Kapitels gewonnen zu haben.
Der „offizielle" – weil wissenschaftlich gebräuchliche – Name des vom Menschen gepflegten Meerschweinchens ist eigentlich „Hausmeerschweinchen", um es von den anderen – wilden – Meerschweinchenformen abzugrenzen. In diesem Buch verwenden wir trotzdem überwiegend einfach die gebräuchliche Bezeichnung „Meerschweinchen", um die Lektüre nicht unnötig zu erschweren. Aus dem gleichen Grund haben wir uns dazu entschlossen, auf Literaturhinweise im Text zu verzichten. Bei Interesse finden Sie weiterführende und benutzte Literatur in der Übersicht am Ende des Buchs.
Dieses Buch soll dem Einsteiger in das faszinierende Hobby der Meerschweinchenhaltung die Grundlagen leicht verständlich vermitteln, aber auch in vielen Bereichen darüber hinaus interessante Informationen und Tipps für die tiergerechte Pflege liefern. Auch für den erfahreneren Halter ist sicherlich einiges Wissenswertes enthalten, so beispielsweise neue Ergebnisse aus der Verhaltensforschung oder genaue Angaben zur Genetik der Farb- und Rassezucht.
In jedem Fall hoffen wir, dass die Lektüre dieses Buchs Freude bereitet und dazu beiträgt, Meerschweinchen besser zu verstehen und richtig zu halten. Und nicht zuletzt möchten wir natürlich ein wenig der Faszination dieses Hobbys weitergeben. Tauchen Sie nun also ein in die spannende Welt der Meerschweinchen!

Greven, im Frühjahr 2008
Sigrid Tooson und Christian Ehrlich

Biologie

Der Schlüssel zur tiergerechten Haltung von Meerschweinchen ist die Kenntnis der Biologie der Tiere. Nur wer über die Gegebenheiten im Habitat und das natürliche Verhalten der Nager Bescheid weiß, wird auch bei seinen Heimtieren schwere Haltungsfehler von vornherein vermeiden und seine Meerschweinchen nicht zuletzt auch besser verstehen.

Abstammung und Lebensweise dieser südamerikanischen Nager sind wirklich sehr interessant, zumal die Tiere auf einigen Gebieten wie dem Sozialverhalten Besonderheiten aufweisen, die innerhalb der Ordnung der Nager nur sehr selten auftreten. In diesem Kapitel sollen einige wichtige Grundsätzlichkeiten zur Biologie von Meerschweinchen dargestellt werden, natürlich ohne Anspruch auf Vollständigkeit.

Waschechte Südamerikaner: Meerschweinchen haben trotz langer Domestikation viel ihrer ursprünglichen Lebensweise behalten. Foto: C. Ehrlich

Systematik und Abstammung

Die Systematik ist ein Teil der Biologie, der sich mit der „Sortierung“ der Lebewesen beschäftigt. So werden alle Tiere je nach Verwandtschaftsgrad in Kategorien unterteilt. Die „Maßeinheit“ ist dabei die Art. Eine Art enthält einer bestimmten Definition zufolge alle Individuen, die sich miteinander fortpflanzen und deren Junge selbst auch Nachkommen produzieren können. Sehr nah verwandte Arten werden in einer Gattung zusammengefasst, mehrere Gattungen in einer Familie. Familien stehen dann in einer Ordnung; in unserem Fall handelt es sich um die Ordnung der Nagetiere (Rodentia).

Bunte Rassenvielfalt – dennoch stammen alle Hausmeerschweinchen vom Aperea-Wildmeerschweinchen ab. Foto: C. Ehrlich

Maras gehören auch zu den Meerschweinchenartigen. Foto: C. Ehrlich

In der Wissenschaft haben alle Tiere einen lateinischen oder latinisierten „Doppelnamen“ (binäre Nomenklatur). Als Erstes steht dabei der Gattungsname (sozusagen der „Vorname“), den mehrere nah verwandte Tiere einer Gattung tragen, danach das so genannte Artepitheton (sozusagen der „Nachname“), das jeweils nur eine Art der Gattung trägt. Solche Namen werden kursiv geschrieben. Beispiel: Das Aperea-Wildmeerschweinchen (*Cavia aperea*) ist eine Art, die zur Gattung *Cavia* gehört, genauso wie die Art *Cavia magna*. Beide zählen zur Familie der Meerschweinchenartigen (Caviidae). In der Familie der Meerschweinchenartigen sind neben vier Meerschweinchengattungen (s. u.) übrigens auch die Maras zu finden.

Tiere, die noch nicht bis auf Artniveau bestimmt sind, werden nur mit Gattungsnamen benannt (wenn die Gattung bekannt ist) und bekommen den Zusatz „sp.“, was „eine Art von“ bedeutet. So war bis zum genauen Feststehen der Artzugehörigkeit des Münsterschen Wieselmeerschweinchens (s. u.) der Name „*Galea* sp.“ korrekt.

Eine Art kann jedoch in mehrere Unterarten aufgeteilt sein. Diese Unterarten kann

Noch ein Meerschweichenartiger: der Cururo, ein unterirdisch lebender Nager Südamerikas Foto: C. Ehrlich

man zwar untereinander kreuzen, dies geschieht in der freien Natur aber im Normalfall nicht bzw. nur in Grenzbereichen ihrer Vorkommen. Am einfachsten kann man sich die Entstehung von Unterarten an einer Inselpopulation vorstellen: Wenn einige Individuen einer Art auf eine Insel gelangen und somit von den anderen getrennt sind, können sie mit diesen keine Gene mehr austauschen. Meistens verändern solche Inselpopulationen über die Generationen hinweg z. B. ihr Aussehen als Anpassung auf die Verhältnisse in ihrem Lebensraum, sodass nach und nach eine Unterart entsteht. Unterarten erhalten einen dritten wissenschaftlichen Namen, so z. B. das Tschudi-Meerschweinchen (*Cavia aperea tschudii*), der vermutliche Urahn aller Hausmeerschweinchen (s. u.).

Ist eine Art vom Menschen über lange Zeit domestiziert worden, verändert sie sich ebenfalls, das Hausmeerschweinchen ist da ein gutes Beispiel. Da eine solche domestizierte Form aber keine natürliche Unterart ist, wird beim wissenschaftlichen Namen des Haustieres der Begriff „forma" angefügt, wonach die Bezeichnung folgt. Meistens wird „forma *domestica*" an den Namen des Wildtieres, von dem das Haustier abstammt, angehängt, was einfach „domestizierte Form" bedeutet. Einige Haustiere haben jedoch einen eigenen Domestizierungsnamen bekommen, so auch das Hausmeerschweinchen: Es heißt wissenschaftlich richtig: *Cavia aperea* forma *porcellus*; „*porcellus*" bedeutet übrigens so viel wie „Schweinchen". Das „forma" wird beim Aufführen der Namen meistens durch ein „f." ersetzt. Die einzelnen Rassen werden in der wissenschaftlichen Nomenklatur nicht benannt.

Die Systematik

Klasse:	Säugetiere (Mammalia)
Ordnung:	Nagetiere (Rodentia)
Unterordnung:	Meerschweinchenverwandte (Caviomorpha)
Familie:	Meerschweinchenverwandte (Caviidae)
Unterfamilie:	Meerschweinchen (Caviinae)
Gattung:	Haus- und Wildmeerschweinchen (*Cavia*)
Art:	Aperea-Wildmeerschweinchen (*Cavia aperea*)
Unterart:	Tschudi-Meerschweinchen (*Cavia aperea tschudii*)
Domestikationsform:	Hausmeerschweinchen (*Cavia aperea* f. *porcellus*)

Die Systematik ist kein starres Gebilde, sondern wird ständig aufgrund neuer Forschungsergebnisse überarbeitet und verändert. So auch bei den Nagern. Eine der

spektakulärsten Entwicklungen der letzten Jahre betrifft die Meerschweinchenartigen (Caviidae): Immer mehr Forscher vertreten die Meinung, dass alle Meerschweinchenartigen gar nicht zu den Nagern gehören, sondern eine eigene Ordnung bilden. Mehrere genetische und biochemische Untersuchungen bestätigten die großen Unterschiede der Meerschweinchenverwandten zu allen anderen Nagern. Es gibt aber dennoch nach wie vor Zweifel an dieser neuen Auffassung – und bis diese gänzlich ausgeräumt sind, werden Meerschweinchen weiterhin als Nager (Rodentia) geführt.
Urahnen unserer heutigen Hausmeerschweinchen sind die Wildmeerschweinchen, genauer gesagt wahrscheinlich eine in den Anden lebende Unterart des Aperea-Wildmeerschweinchens, nämlich das Gebirgs- oder Tschudi-Meerschweinchen (*Cavia aperea tschudii*), das heute von den meisten Wissenschaftlern als Stammform des Hausmeerschweinchens angesehen wird. Das Tschudi-Meerschweinchen wird von einigen Autoren als eigene Art („*Cavia tschudii*“) eingestuft und wurde von dem Schweizer Naturforscher J. J. von Tschudi in der Mitte des 19 Jahrhunderts beschrieben. Er fand dieses Meerschweinchen auch in vielen Hütten der Einheimischen, in denen die Nager „die ganze Nacht hindurch den Schlafenden über Gesicht und Körper hinwegliefen“.

Systematik im Überblick

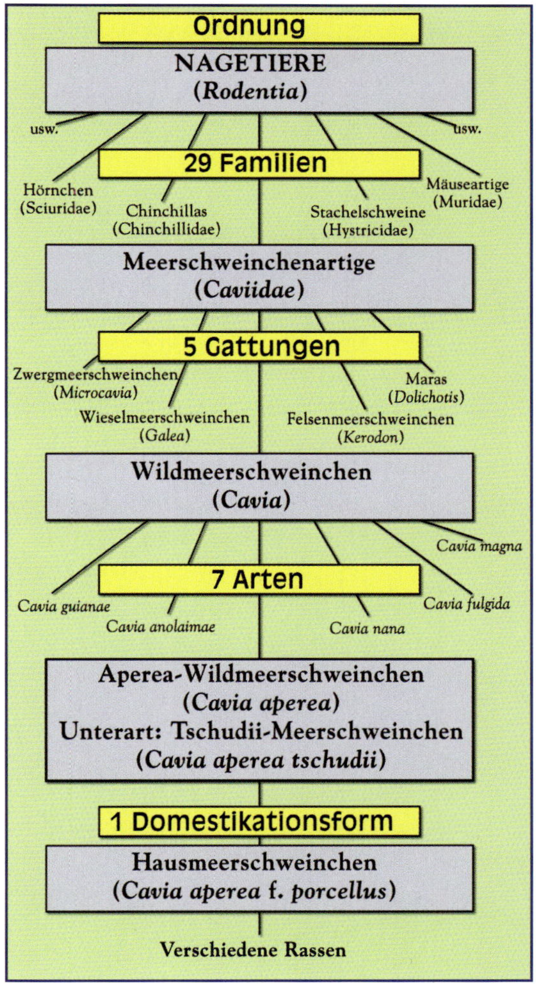

Wann genau der Übergang vom Wild- zum Haustier erfolgte, kann nicht gesagt werden, wahrscheinlich war es ein schleichender Prozess, der von den beteiligten südamerikanischen Ureinwohnern gar nicht geplant war, sondern aufgrund der Anpassung der Tiere an das Leben in Menschenhand einfach „passierte“.
Aus der Kreuzung einer Haustierform mit ihrer jeweiligen Stammform entstehen Hybride, die zumindest teilweise fortpflanzungsfähig sind – sonst handelte es sich ja um eine eigenständige Art: Kreuzt man beispielsweise Wildmeerschweinchenmännchen mit Hausmeerschweinchenweibchen, so entsteht eine so genannte F_1-Generation (erste Filialgeneration), die einheitlich rotbraun gefärbt ist.

Die wilden Verwandten der Meerschweinchen

Anders als viele Halter meinen, gibt es eine ganze Reihe wild lebender Arten von Meerschweinchen. Die Biologie und damit auch die Haltung dieser verschiedenen wilden Meerschweinchen sind sehr unterschiedlich und interessant (s. entsprechendes Kapitel am Ende des Buches). Die wilden Meerschweinchen findet man in den Gattungen der Zwergmeerschweinchen (*Microcavia*), Wieselmeerschweinchen (*Galea*), Wildmeerschweinchen (*Cavia*) und Felsenmeerschweinchen (*Kerodon*). Insgesamt werden derzeit 14 Arten anerkannt.

Aperea-Wildmeerschweinchen (*Cavia aperea*)
Foto: C. Ehrlich

Zwergmeerschweinchen (*Microcavia australis*)
Foto: H. Werning

Es gibt drei Arten von Zwergmeerschweinchen, von denen bisher nur *Microcavia australis* (häufig als „Wüstenmeerschweinchen" bezeichnet) genauer untersucht ist. Wüstenmeerschweinchen kommen in Argentinien, Süd-Chile und Süd-Bolivien vor und gehören mit einer Länge von etwa 20 cm zu den kleinsten Meerschweinchen der Welt, wiegen sie doch ausgewachsen nur 200–450 g. Besonders auffällig sind bei allen Zwergmeerschweinchen die weißen Ringe um die Augen. Um Zwergmeerschweinchen von den anderen Gattungen zu unterscheiden, muss man außer auf die Größe auch auf die weißen Zähne und die kleineren Augen achten. Die genannten Wüstenmeerschweinchen leben in steppenähnlichen Buschlandschaften. Unter den Büschen sollen die Tiere Mulden als Ruheplätze benutzen und eigene Höhlen graben. Zwergmeerschweinchen ernähren sich von Blättern, sukkulenten Pflanzen und Früchten; dazu klettern sie manchmal auch auf Büsche. Derzeit gibt es keine Haltungen von *Microcavia* in Europa.

Zu den bekannteren Arten der wilden Meerschweinchen zählen die Wieselmeerschweinchen. Die Vertreter dieser Gattung haben gelbe Nagezähne. Von den drei bisher beschriebenen Arten wird das aus Peru, Chile, Bolivien, Argentinien und Paraguay stammende Graue Wieselmeerschweinchen (*Galea musteloides*) inzwischen recht häufig in Menschenhand gehalten . Es wird bis zu 25 cm groß und maximal 600 g schwer. Das weitaus größere Spix-Wieselmeerschweinchen (*Galea spixii*) und das seltene Gelbzahn-Wieselmeerschweinchen (*Galea flavidens*) werden dagegen nicht gepflegt.

Graue Wieselmeerschweinchen bewohnen weitläufiges Grasland, in dem sie meist Baue anderer Tiere benutzen und von Gras und sonstiger Vegetation leben. Im Jahr 2005 wurde eine weitere *Galea*-Art beschrieben, die früher als Hellbraunes oder Bolivianisches Wieselmeerschweinchen bezeichnet wurde; inzwischen steht der Name der neuen Art fest: Münstersches Wieselmeerschweinchen (*Galea monasteriensis*) – weil es in Münster wissenschaftlich beschrieben wurde.

Die Gattung der Wildmeerschweinchen ist die artenreichste unter den Meerschweinchenartigen: Es gibt insgesamt etwa sechs Spezies. Die bekannteste darunter ist das Aperea-Wildmeerschweinchen (*Cavia aperea*), das häufig einfach „Wildmeerschweinchen“ genannt und inzwischen regelmäßig bei Liebhabern gehalten und vermehrt wird. Es kommt ursprünglich von Zentral-Ecuador über das südliche Surinam, Ost- und Süd-Brasilien bis nach Paraguay, Uruguay und das nördliche Argentinien vor. Wildmeerschweinchen werden 20–27 cm lang und wiegen im Freiland etwa 450–600 g. Sie leben in sehr unterschiedlichen Biotopen, zu denen z. B. weitläufige Grassavannen, Waldränder und felsige Gebiete zählen. Immer wieder wird berichtet, diese Tiere würden ihre eigenen Baue graben, nach derzeitigem Wissensstand ist dies aber nicht der Fall. Vielmehr übernehmen Wildmeerschweinchen Baue anderer Tiere oder ruhen in Mulden unter dichten Pflanzen. Auch Aperea-Wildmeerschweinchen ernähren sich von einer sehr breiten Palette von Pflanzen.

Übersicht: Wilde Meerschweinchen

Folgende Arten werden gelegentlich in Mitteleuropa gehalten:

Graues Wieselmeerschweinchen (*Galea musteloides*)
Münstersches Wieselmeerschweinchen (*Galea monasteriensis*)
Aperea-Wildmeerschweinchen (*Cavia aperea*)
Magna-Wildmeerschweinchen (*Cavia magna*)
Felsenmeerschweinchen oder Moko (*Kerodon rupestris*)

Wie wilde Meerschweinchen gehalten werden, erfahren Sie im entsprechenden Kapitel am Ende des Buches.

Eine weitere Wildmeerschweinchen-Art ist das Magna-Wildmeerschweinchen (*Cavia magna*). Diese Art wird erst seit wenigen Jahren an einigen Universitäten und bei Privathaltern gepflegt. Magna-Wildmeerschweinchen sind etwas größer als Aperea-

Wildmeerschweinchen und wiegen im Freiland mit durchschnittlich 650 g (Männchen) auch etwas mehr. Das Fell ist durch die langen, schwarzen Oberhaare auf der Rückenmitte dunkler, der Schädel runder und massiger. Besonders interessant ist, dass diese Tiere Ansätze von Schwimmhäuten zwischen den Zehen tragen. Dies ist wahrscheinlich eine Anpassung an den extrem feuchten Lebensraum dieser Art in Gebieten, die zeitweise überschwemmt sein können. Man findet C. *magna* meist in Schilfgebieten in der Nähe von Flüssen oder Seen in Süd-Brasilien und Uruguay.
Das mit fast einem Kilogramm Körpergewicht recht schwere Felsenmeerschweinchen oder Moko (*Kerodon rupestris*) ist die einzige Art seiner Gattung und erinnert im Aussehen nur geringfügig an ein Meerschweinchen. Diese kletternde (!) Art lebt in trockenen, felsigen Gebieten, wo jedes Tier einen eigenen Felsen mit Versteck für sich beansprucht. Felsenmeerschweinchen werden bis zu 40 cm lang.

Körperbau und Sinnesorgane

Meerschweinchen kennzeichnet ein typischer Körperbau: Verglichen mit anderen Nagern fällt der eher plumpe Körper mit einem hohen Rücken auf. Meerschweinchen haben keinen äußerlich sichtbaren Schwanz (aber dennoch sieben Schwanzwirbel) und eher kurze Beine. Die Vorderfüße zeigen je vier Zehen, die Hinterfüße sind mit jeweils drei Zehen besetzt; alle Zehen tragen scharfe Krallen.

Typisch Meerschweinchen: plumper Körper, kurze Beine, hoher Rücken Foto: C. Ehrlich

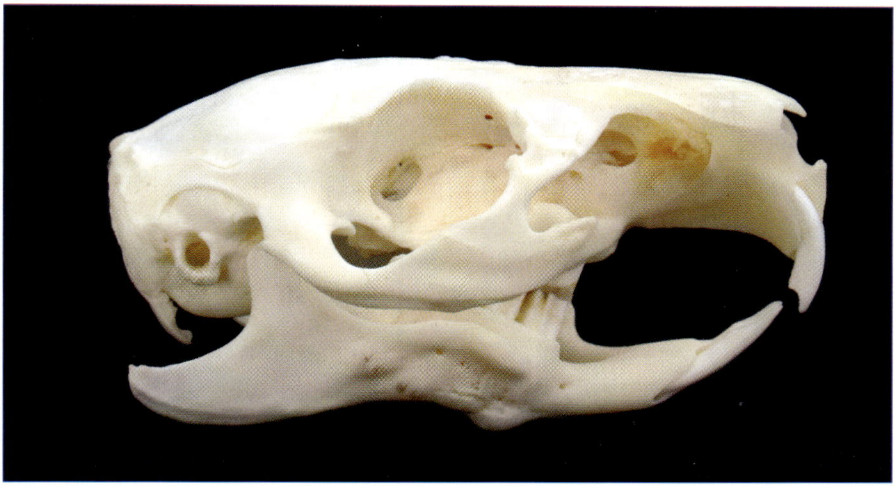

Meerschweinchen-Schädel; das Diastema (fehlende Eckzähne) ist deutlich erkennbar.
Foto: J. Hirt

Meerschweinchen stellen eine Übergangsform vom Sohlen- zum Zehengänger dar, die Fußballen sind mit Lederhaut überzogen und ungeteilt. Der Kopf ist kaum vom massigen Körper abgesetzt, bei vielen Arten ist der Nacken sogar besonders stark ausgebildet. Hausmeerschweinchen werden 20–36 cm (durchschnittlich 20–25 cm) lang und haben im männlichen Geschlecht ein Gewicht von 1.000–1.400 g (maximal 1.800 g) bzw. 700–1.100 g (Weibchen, nicht tragend).

Die Augen der Meerschweinchen sind groß und rund. Das Sehvermögen ist zumindest am Tag recht gut ausgeprägt: Meerschweinchen haben einen für Fluchttiere typischen großen Gesichtskreis von ca. 340° mit einem maximalen binokularen Gesichtsfeld von 76°, in dem sie räumlich zu sehen vermögen. Zudem können die Nager Farben unterschieden: Rot, Gelb, Blau und Grün werden erkannt, besonders gut Rot und Gelb.

Der Geruchssinn ist wie für Nager typisch sehr gut ausgeprägt; Meerschweinchen können nicht nur Futterpflanzen per Geruch auseinanderhalten, sondern unterscheiden auch Artgenossen anhand ihres Duftes. Die Nager sind dazu in der Lage, etwa 1.000 Mal geringere Duftkonzentrationen wahrzunehmen als der Mensch.

Zahnformel

Meerschweinchen haben insgesamt 20 Zähne, die Zahnformel lautet

$$\frac{1\ 0\ 1\ 3}{1\ 0\ 1\ 3}$$

für jede Kieferhälfte. Über dem Bruchstrich stehen die Zähne im Oberkiefer, darunter die des Unterkiefers; die Zähne werden in der Reihenfolge Schneidezähne (Incisivi) – Eckzähne (Canini) – Vorbackenzähne (Praemolaren) – Backenzähne (Molaren) aufgeführt. Meerschweinchen haben also keine Eckzähne, diese Lücke nennt man Diastema.

Die Ohren sind vergleichsweise klein und nahezu unbehaart. Das Hörvermögen ist aber trotzdem einer der wichtigsten Sinne des Meerschweinchens, da ein Großteil

Mit den großen, seitlich am Kopf liegenden Augen haben Meerschweinchen fast eine Rundumsicht. Nur über den Hinterkopf können sie nicht blicken.
Foto: C. Ehrlich

der Kommunikation der Tiere über Laute abläuft. Meerschweinchen hören im Bereich von 16–33.000 Hz (Mensch: 20–16.000 Hz).

Direkt unter der Nase liegt der unterständige Mund; Meerschweinchen besitzen eine „Hasenscharte" (Raphe) in der Oberlippe. Diese Nager haben insgesamt 20 Zähne, sämtlich mit offener Wurzel, wodurch sie zeitlebens kontinuierlich 1,2–1,5 mm pro Woche, d. h. 5–6 mm pro Monat wachsen. Die effektive Länge der einzelnen Zähne ist das Resultat aus zwei parallel verlaufenden Prozessen, und zwar Wachstum einerseits sowie Abnutzung bei der Nahrungsaufnahme andererseits.

Die Schneidezähne bilden die bekannten Nagezähne, die zum Abweiden von Vegetation genutzt werden. Sie weisen auf der Vorderseite einen Schmelzüberzug (Dentin) auf dem Zahnbein auf. Dadurch werden die nicht mit Schmelz beschichteten, zur Mundhöhle hin liegenden Zahnflächen mehr abgenutzt, und es entsteht somit die von der Seite betrachtet typische meißelartige Form der Oberkieferschneidezähne. Das Abbeißen oder Abnagen erfolgt durch seitliche Unterkieferverschiebungen. Die Backenzähne haben dagegen eine eher mahlende Funktion – sie zerkleinern die Nahrung zu einem Brei. Die Kauflächen der Oberkieferbackenzähne sind stark nach außen geneigt, die des Unterkiefers stark in Richtung Zunge. Beim Zermahlen wird die Nahrung durch vor- und rückwärtige Unterkieferverschiebungen sehr fein zwischen den Backenzähnen zerrieben. Der Wechsel von Milchzähnen zu dauerhaften Zähnen findet noch in der Gebärmutter statt, Meerschweinchen werden also bereits mit einem permanenten Gebiss geboren.

Der Geschmackssinn der Tiere ist normal ausgeprägt und ermöglicht ihnen eine gute Unterscheidung der Nahrung. Aufgrund von Erfahrungswerten können Meerschweinchen die Aufnahme ungenießbarer Futtersorten daher vermeiden. Solche Geschmacksproben werden aber nur durchgeführt, wenn keine Einordnung mittels Geruchssinn möglich ist.

Das Fell wilder Meerschweinchen ist meistens recht kurz und bei einigen Arten beinahe borstig. Je 6–9 Haare stehen zusammen, der Abstand zwischen diesen Haargruppen beträgt etwa 1 mm. Wildformen haben stets ein agoutifarbenes Fell. Das bedeutet, dass jedes einzelne Haar dreifach in bräunlichen oder grau-braunen Farben gebändert ist. Von weitem betrachtet ergibt dies den Eindruck eines durchgängig braunen oder graubraunen Tieres. Meerschweinchen sind mit Ausnahme der Ohren, der Innenseite der Oberschenkel, der Genitalien, der Sohlen und eines haarlosen Bereichs hinter den Ohren am ganzen Körper geschlossen behaart. Meerschweinchenhaare wachsen fast ständig ca. 2–5 mm pro Woche, weswegen ein stetiger Haarwechsel vollzogen wird (alle ca. 16 Wochen wird jedes Haar ersetzt; einen Winter-/Sommerfellwechsel gibt es aber nicht. Lediglich 8–25 Tage nach dem Gebären kommt es bei vielen Weibchen zu einem plötzlichen flächenhaften Fellwechsel, der durch Hormone ausgelöst wird.

Tasthaare (Vibrissen) sind bei Meerschweinchen – verglichen mit anderen Nagern – eher schlecht ausgebildet. Gruppen von Vibrissen finden sich rund um Maul und Nase, zudem gibt es lange Grannenhaare am ganzen Körper, die aus dem normalen Fell herausstehen. Sie ermöglichen den tagaktiven Meerschweinchen, bei schlechten Lichtverhältnissen wie z. B. im Bau Hindernisse zu erkennen.

Hausmeerschweinchen haben meistens ein feineres, weicheres Fell als die Wildformen. Es ist bei einigen Rassen zudem deutlich länger als bei den wilden Artgenossen. Natürlich ist auch die Farbgebung des Felles sehr unterschiedlich – es gibt einige Dutzend verschiedene Farbvarianten (s. S. 118).

Die Domestikation führt bei fast allen Haustieren aber nicht nur zu einer Vielfalt in Fell und Farbe, sondern allgemein zu einer Steigerung des Körpergewichts: Ausgewachsene Hausmeerschweinchen sind wesentlich schwerer (gleichzeitig aber auch fetter) als Wildmeerschweinchen: Hausmeerschweinchen wiegen häufig etwa doppelt so viel wie ihre wilden Verwandten, Cuys (s. S. 33) können z. T. sogar das zehnfache Gewicht auf die Waage bringen.

Physiologie

Dieses Thema kann hier nur kurz angerissen werden, da eine genauere Abhandlung den Rahmen dieses Buches sprengen würde. Leser, die mehr über das „Innenleben" ihrer Meerschweinchen erfahren wollen, sollten sich der veterinärmedizinischen Literatur bedienen. Wir beschränken uns hier auf die wichtigsten Organsysteme, die bei Erkrankungen eine entscheidende Rolle spielen.

Wichtige physiologische Daten

Körpertemperatur:	38,5 °C (bei Neugeborenen und Jungtieren: 37,4–39,7 °C)
Optimale Umgebungstemperatur:	20–22 °C
Pulsfrequenz:	normal ca. 300 Schläge/min (230–380 Schläge/min)
Atemfrequenz:	100–130 Züge/min
Blutdruck:	50–65 mm (Hg)
Rohfaserbedarf:	ca. 15 % der Nahrung
Dauer der Magen-Darm-Passage:	durchschnittlich ca. 70 h

Atmungsorgane

Die Nase des Meerschweinchens ist die „Eintrittspforte" für Luft und darin befindliche Mikroorganismen, Sporen, etc. Schleimhäute bedecken die Innenseiten der Nase und sorgen durch Sekretabgabe für ein möglichst schnelles Heraustransportieren von Staub, sonstigen Fremdkörpern oder eben potenziellen Krankheitserregern. Manchmal – z. B. wenn das Tier geschwächt ist oder besonders viele Keime in der Luft vorhanden sind – gelangen die Bakterien oder Viren bis in die ca. 3,5 cm lange Luftröhre des Meerschweinchens und erreichen schließlich die Lunge. Das dortige lymphatische Gewebe ist sehr reaktionsfähig: Schon bei geringfügiger Kontamination durch Keime oder Staub vergrößern sich die lymphoiden Knötchen, sprich: die Abwehrkräfte des Körpers werden in Gang gesetzt. Eine weitere Besonderheit ist die mit Muskeln ausgestattete Bronchialwand, die es dem Meerschweinchen ermöglicht, große Teile der Lunge für die Atmung „auszuschalten". Diese und andere Besonderheiten machen die Lunge für Erkrankungen besonders empfindlich.

Herz-Kreislauf-System

Das Herz von Meerschweinchen macht ca. 0,4 % des Körpergewichts aus. Es ist etwa 2 cm groß und hat einen für Nager typischen Aufbau, auffällig ist lediglich die linke Vorkammer, die deutlich kleiner ist als die rechte. Das Kreislaufsystem von Meerschweinchen ist in der Regel sehr stabil und wenig anfällig, lediglich bei Überhitzung kommt es häufig zu Kreislaufversagen.

Das Verdauungssystem von Meerschweinchen ist auf rohfaserreiche Ernährung spezialisiert. Foto: C. Ehrlich

Verdauungsorgane

Der Magen-Darm-Trakt von Meerschweinchen ist ein sehr empfindliches System. Im Lauf der Evolution passte es sich an eine rohfaserreiche Ernährung an, dies zeigen auch die verschiedenen an der Verdauung beteiligen Organe und die Zeiträume, in denen die Nahrung abgebaut wird: Eine Verdauungspassage dauert 3–5 Tage. Der Verdauungskanal des ausgewachsenen Meerschweinchens ist mindestens sechs Mal so lang wie die Körperlänge des Tieres, nämlich etwa 230 cm. Die wichtigsten Abschnitte sind Magen, Dünn- und ganz besonders der Dickdarm.

Der Magen ist einkammerig und sehr dünnwandig. Er macht ca. 20 % des Gesamtvolumens des Magen-Darm-Traktes aus; sein Fassungsvermögen beträgt 20–30 ml. Dieser recht kleine Magen macht es nötig, dass das Meerschweinchen über den Tag verteilt (mit Aktivitätsmaximum in den Dämmerungszeiten) 60–80 kleine Mahlzeiten aufnimmt, die gleichzeitig für den Weitertransport des Mageninhaltes wichtig sind. Der pH-Wert des Magens beträgt etwa 1,5–2 (sehr sauer). Das Meerschweinchen kann aufgrund der schwach ausgebildeten Magenwandmuskulatur nicht erbrechen.

Wussten Sie schon?
Meerschweinchen haben im Laufe der Evolution – wie wir Menschen – die Möglichkeit zur Synthese von Vitamin C verloren und sind daher auf die Zufuhr Vitamin-C-reicher Futtermittel wie Obst und Paprika angewiesen. Der Bedarf liegt bei 10 mg/kg Körpermasse und Tag. Das in den Darmbakterien enthaltene Eiweiß (Protein) kann im Dünndarm des Meerschweinchens übrigens während der Verdauung gewonnen werden. Eine Zufütterung von Proteinen ist daher nicht nötig.

Der Dünndarm des Meerschweinchens ist durch einen ampullenförmigen, etwa 10 cm langen Anfangsteil des Zwölffingerdarms (Ampulla duodeni) gekennzeichnet. Er dient wie bei vielen Tierarten und dem Menschen zur chemischen Aufspaltung der Nahrungsbestandteile und zur Resorption der entstandenen Spaltprodukte. Hier werden zudem die alkalischen Gallensäfte dem Verdauungsbrei ununterbrochen zugefügt, sie neutralisiern den sauren „Magensaft“.

Der Dickdarm – bestehend aus dem ca. 15 cm langen Blinddarm (Caecum) und dem ca. 70 cm langen Grimmdarm (Colon) – des Meerschweinchens ist auf eine Zelluloseverdauung spezialisiert: Der Blinddarm nimmt ca. zwei Drittel (!) des gesamten Magen-Darm-Inhalts auf und füllt damit ein Drittel der Bauchhöhle aus. Im Blinddarm findet die Zelluloseverdauung durch Bakterien statt. Diese Bakterien (Darmflora) spalten Zellulose auf, wodurch resorbierbare Nährstoffe (u. a. Glucose, Fettsäuren) freigesetzt werden, die dem Meerschweinchen als Energie zur Verfügung stehen. Damit die Darmflora funktioniert, muss der Darm einen deutlich basischen pH-Wert haben. Bei der Gabe rohfaserreicher Futtermittel ist dieser gewährleistet, bei der Verfütterung von zucker- und stärkereichen Futtermitteln sinkt der pH-Wert von 8–9 auf Werte um 5–6 ab (s. „Ernährung“). Die Folge falscher Ernährung sind daher u. a. ein Absterben der zelluloseverdauenden Darmflora und eine explosionsartige Vermehrung unerwünschter Mikroorganismen.

Dauerfresser: Schon Jungtiere nehmen 60–80 kleine Mahlzeiten pro Tag zu sich.
Foto: C. Ehrlich

Im Blinddarm wird zudem der Blinddarmkot (die Caecotrophe) gebildet. Dabei handelt es sich um schleimüberzogene, trauben- bis wurstförmige, glänzende Gebilde. Etwa 30 % des Kotes sind Blinddarmkot. Er passiert den Dickdarm weitgehend unverändert, wird von den Tieren direkt vom Enddarm abgenommen und unzerkaut geschluckt. Dieses „Kotfressen" ist also völlig normal! Blinddarmkot besteht aus Bakterien, Mukoproteinen und wichtigen Vitaminen. Er bleibt nach dem Verschlucken bis zu sechs Stunden im Magen – seine Schleimhülle schützt ihn vor schneller Zersetzung. Die in der Caecotrophe enthaltenen Bakterien werden durch die Salzsäure des Magens abgetötet. Anschließend erfolgt im Magen und Dünndarm eine Auflösung der Schleimhülle mit nachfolgender Verdauung der Bakterien und ihrer Syntheseprodukte wie diverser Vitamine.
Der Grimmdarm dient dem Wasserentzug des Darminhaltes und der Formung der typischen länglichen Kotpellets. Der erste Abschnitt verfügt über einen Mechanismus, der Zellulose vom restlichen Nahrungsbrei abtrennt und durch eine an der Darmwand gelegene Rinne zurück zum Blinddarm transportiert. Daher können Meerschweinchen bei chronischer rohfaserarmer Fehlfütterung dennoch lange Zeit einen Zellulosemangel kompensieren.

Verbreitung und Lebensraum

Die Stammform unseres Hausmeerschweinchens ist – wie schon erwähnt – wahrscheinlich das Gebirgs- oder Tschudi-Meerschweinchen (*Cavia aperea tschudii*), eine Unterart des Wildmeerschweinchens. Dieses besiedelt die grasreichen Hochebenen und Buschsteppen der Anden in Ecuador und Peru bis in Höhenlagen von 4.200 m ü. NN. Auch an Waldrändern und in felsigen Regionen kann man diese Wildmeerschweinchen finden. Die Vegetation besteht dort überwiegend aus Gräsern, die einen hohen Vitamin-C-Gehalt aufweisen. Durch die fruchtbareren Hochtäler strömen kleine Bäche und Flüsse von den Gletschern in Richtung Amazonas oder Pazifik. Hier gibt es reichlich frische Vegetation für Meerschweinchen, allerdings auch viele Bauern, die die ergiebigen Böden nutzen und den Tieren ihren Lebensraum streitig machen. In vielen Bereichen erstrecken sich jedoch weite Hochflächen mit eher dürftiger Vegetation und steinigen Böden, da hier die Feuchtigkeit der Wasserläufe fehlt – bei geringen Niederschlagsraten.

Wussten Sie schon?
Die geringe Luftfeuchtigkeit in ihrem natürlichen Habitat erklärt, warum Meerschweinchen besonders empfindlich gegen stehende feuchte Luft oder feuchte Einstreu sind.

Das Klima des Andenhochlands zwischen den Kordilleren kann keineswegs als „tropisch“ beschrieben werden. Vielmehr handelt es sich um ein trocken-gemäßigtes Klima. Es zeichnet sich durch große Unterschiede zwischen Tages- und Nachttemperatur aus. So können im Januar die Tagestemperaturen von 20 °C bis auf 7 °C in der Nacht absinken. Im Juli, wenn es nachmittags bis 23 °C warm wird, friert es nachts sogar (bis -9 °C). Diese kalten nächtlichen Perioden verbringen die Meerschweinchen an geschützten Orten. Die relative Luftfeuchtigkeit der Hochebenen beträgt im Jahresdurchschnitt je nach Gegend nur 30–40 %. Die Regenzeit fällt meist in die Monate November bis März.

Urahn aller Rassemeerschweinchen: das Aperea-Wildmeerschweinchen (*Cavia aperea*)
Foto: C. Ehrlich

Meerschweinchen-Verhalten

Das Verhalten der sozialen Meerschweinchen ist sehr interessant – so interessant, dass sogar einige Universitäten mit Meerschweinchen-Großgruppen verhaltensbiologische Untersuchungen durchführen.

Im Lauf der Domestikation hat sich das Verhalten der Hausmeerschweinchen im Vergleich zu dem ihrer wilden Verwandten deutlich geändert (s. „Domestikationsgeschichte", S. 31). Heute sind Hausmeerschweinchen vor allem tagaktive, sehr sozial lebende Nagetiere mit einem erstaunlich breit gefächerten Verhaltensrepertoire. Besonders im Bereich der innerartlichen Kommunikation durch Körpersprache und Lautäußerungen gibt es faszinierende Verhaltensausprägungen, denen wir in diesem Buch ein eigenes Kapitel „Meerschweinchen-Sprache" (s. u.) widmen.

Meerschweinchen leben in Gruppen; das vielseitigste Verhaltensrepertoire zeigen sie daher v. a. bei einer Haltung in größeren Verbänden, die mehr als vier Tiere umfassen. Wer je vor einer solchen Gruppe nicht gleichgeschlechtlicher Meerschweinchen gesessen hat, wird verstehen, was wir meinen. Unter den Tieren gibt es dabei je nach Populationsdichte zwei unterschiedliche Gruppenstrukturen. Bei einer niedrigen Individuendichte von 3–10 Tieren in einer Gruppe

Sexualverhalten der Meerschweinchen

Das Sexualverhalten der Meerschweinchen ist promiskuitiv, was bedeutet, dass sich jedes Weibchen mit unterschiedlichen Männchen seiner Gruppe paart, und diese ihrerseits ebenfalls unterschiedliche Paarungspartner haben. In der Regel wird sich zwar das ranghöchste Männchen einer Gruppe mit jedem brünstigen Weibchen paaren, allerdings kommen meistens auch mindestens noch ein oder zwei weitere Männchen „zum Zuge". Häufig treten in solchen Situationen Rangeleien zwischen Männchen auf, wenn z. B. der Ranghöchste den Paarungsakt eines Unterlegenen beobachtet hat. Dennoch stammen die Würfe von Weibchen aus Großgruppen nur selten von nur einem Vater.

Meerschweinchen sind echte Gruppentiere. Foto: C. Ehrlich

existiert eine lineare Rangordnung, bei größeren Gruppen tritt eine komplexes Sozialsystem auf, bei dem man innerhalb der Geschlechter Hierarchien sowie verschiedene, z. T. auf individueller Sympathie beruhende Bindungen zwischen den Geschlechtern beobachtet.

Werden nur zwei Tiere miteinander vergesellschaftet, ergibt sich eine einfache Organisationsform: Ein Tier dominiert das andere, manchmal wechseln die Rollen auch im Lauf des Lebens. Das natürliche Sozialsystem von Hausmeerschweinchen – wenn man bei einer domestizierten Tierart denn von „natürlich" sprechen kann – ist aber eine Großgruppe, die aus mehreren Männchen, mehreren Weibchen und den gemeinsamen Jungtieren besteht.

Besonders schwierig wird es für das ranghöchste Männchen, wenn die Gruppe schon ziemlich lange besteht und eine Synchronisation der Brunstzyklen der Weibchen stattgefunden hat. Wie bei vielen Säugetieren verschieben sich nämlich nach und nach die individuellen Zyklen, bis alle Weibchen der Gruppe fast zeitgleich aufnahmebereit sind. In großen Gruppen bricht an solchen Tagen Chaos aus, da neben Geburten nun eben auch etliche Paarungen und die dazugehörenden Auseinandersetzungen zwischen den Männchen anstehen.

Diese Verhaltensweisen sind völlig normal, auch wenn sie für Menschen wenig einsehbar erscheinen. Auch das „Nachdecken" in einer solchen Gruppe ist von der Natur vorgegeben. Es ist also natürlich, dass sich ein Weibchen nach der Geburt zunächst darum bemüht, sich erneut zu paaren (Postpartum-Östrus), ehe es sich um die frisch geborenen, gesäuberten Jungtiere kümmert. Finden die Weibchen dann keinen Paarungspartner, bedeutet dies Stress (messbar anhand von Hormonen) für die Tiere. Dennoch ist das „Nachdecken" bei der Heimtierhaltung natürlich dennoch nicht eine „ideale" Wahl, weil die ständige Trächtigkeit das Weibchen schwächen kann.

Besonders wichtig ist bei Meerschweinchen, dass sie in den ersten Lebenswochen das typische Sozialverhalten von den Erwachsenen erst erlernen müssen. Daher dürfen junge Meerschweinchen auch nicht zu früh von ihren Eltern getrennt werden – schwere Verhaltensstörungen wie Aggressivität oder Unverträglichkeit mit Artgenossen können sonst die Folge sein. Leider geht der Trend in den letzten Jahren vor allem im Zoofachhandel in Richtung immer jüngerer Meerschweinchen – dies kann sehr schlimme Folgen für die Tiere und ihre Halter haben! Bitte kaufen Sie daher nicht zu junge Meerschweinchen – mehr dazu im Kapitel „Erwerb" (S. 49).

Das Hauptkontaktmittel in einer Meerschweinchengruppe ist die Stimme. Wenn man vor einer Meerschweinchengruppe steht, wird einem das sofort auffallen. Es ist sehr erstaunlich, wie viel sich die Tiere den lieben langen Tag über zu „erzählen" haben. Viele Lautäußerungen sind lediglich Rufe, die die Gruppenbindung unterstützen, andere sollen warnen, herbeirufen oder abwehren (s. „Meerschweinchen-Sprache", S. 26). Im Gegensatz zu vielen anderen sozialen Säugetieren gibt es bei Meerschweinchen keine soziale Haut- bzw. Fellpflege.

Um das komplexe Verhaltensrepertoire von Meerschweinchen aufzuführen, nutzt man ein Ethogramm, also eine Art Katalog aller Verhaltensweisen, die bei einer Art auftreten. Im folgenden Kasten werden die wichtigsten Verhaltensweisen der Meerschweinchen und ihre Bedeutung in einem kurzen Ethogramm beschrieben. Alle Angaben zu Lautäußerungen finden Sie im nächsten Kapitel. Mehr über das interessante Fortpflanzungsverhalten der Meerschweinchen erfahren Sie zudem im Kapitel „Zucht“.

Ethogramm

Alle Elemente des umfangreichen Meerschweinchen-Verhaltens aufzuführen, würde den Umfang dieses Buchs sicherlich sprengen. Hier sollen daher nur einige der wichtigsten Verhaltensweisen benannt, definiert und ihre Bedeutung kurz erläutert werden.

Sexualverhalten

Schnuppern. Berühren und Beschnuppern an Nase (Nasalkontrolle) und After (Analkontrolle) eines Artgenossen dienen der Kontaktaufnahme. Auf diese Weise können Meerschweinchen außerdem die Gruppenzugehörigkeit des Gegenübers erkennen. Zwischen den Geschlechtern zeigt sich manchmal auch ein Anallecken, v. a. vor einer anstehenden Empfängnisbereitschaft der Weibchen.

Freund oder Feind? Die Analkontrolle gibt Aufschluss. Foto: C. Ehrlich

Umkreisen. Ein empfängnisbereites Weibchen wird vor der Paarung von dem/den Männchen „umlagert" und laufend umkreist. Dieses Verhalten tritt häufig im Zusammenhang mit Rumba (s. u.) und Brummen (s. „Meerschweinchen-Sprache", S. 27) auf. Meist beginnen die Männchen 1–2 Tage vor der Hochbrunst, das Weibchen derart zu umkreisen.

Rumba/Treteln. Dies ist ein weiteres „Imponierverhalten" männlicher Meerschweinchen gegenüber Weibchen. Bei der so genannten Rumba trampelt das Männchen mit den Hinterbeinen in langsamen, wiegenden Bewegungen vor dem Weibchen auf und ab. Meistens zeigt es gleichzeitig Brummen (s. u.) und u. U. präsentiert es auch seine Hoden. Weicht das Weibchen aus, positioniert sich das Männchen immer wieder vor ihr.

Hodenzeigen. Beim Umkreisen oder bei der Rumba präsentiert das paarungsfreudige Männchen dem Weibchen seine Hoden durch Anheben des Hinterteils und Ausstülpen der Hoden aus der Bauchhöhle. Diesen Teil des Paarungsvorspiels zeigen jedoch nicht alle Männchen.

Kopfauflegen. Dieses Verhalten tritt oft nach der Rumba auf: Das Männchen legt seinen Kopf auf den Rücken des Weibchens, vermutlich um die Kontaktaufnahme vor der Paarung zu vertiefen.

Quickie: Der Paarungsakt dauert nur Sekunden.
Foto: C. Ehrlich

Paarung. Lässt das Weibchen die Paarung zu, bleibt es stehen und hebt das Hinterteil deutlich an (Lordosis-Stellung), meist steht das Weibchen nun im Hohlkreuz. Das Männchen reitet auf und paart sich mit dem Weibchen, was etwa 5–20 Sekunden dauern kann. Diese Prozedur wird mehrmals über ca. 30–120 Minuten wiederholt und findet häufig in den Abend- oder Nachtstunden statt; hat das Weibchen geworfen, tritt die Hochbrunst (und damit die Paarung) 1,5–13 Stunden nach der Geburt ein. Eine erfolgreiche Paarung kann man durch ein anschließendes Selbstbelecken der Genitalregion des Männchens erkennen. Zudem hat das Weibchen nun einen Scheidenschleimpfropf, der nach wenigen Stunden herausfällt. Er ist ein relativ sicheres Zeichen für eine geglückte Paarung.

Anharnen. Möchte das Weibchen eine Paarung verhindern, kann es allzu aufdringliche Männchen durch Anharnen abwehren. Dazu wird das Hinterteil angehoben und der Bewerber mit einem gezielten Urinstrahl angespritzt. Oft klappert das Weibchen dann zudem mit den Zähnen (s. „Meerschweinchen-Sprache", S. 28).

Aggressionsverhalten

Annähern/Fellsträuben. Zwei (meist männliche) Kontrahenten gehen vorsichtig bis forsch aufeinander zu und sträuben das Fell vor allem im Nackenbereich (vermutlich, um größer zu erscheinen). Dieses Verhalten ist meist die erste Verhaltensweise, die bei einem Streit (z. B. während der Empfängnisbereitschaft von Weibchen oder beim Zusammensetzen von Tieren) auftritt. Ob weitere aggressive Verhaltensweisen gezeigt werden, ist situationsbedingt.

Flanken. Die Kontrahenten präsentieren sich gegenseitig die Seitenansicht, um ihre volle Körpergröße zu demonstrieren. Körperlich unterlegene Meerschweinchen weichen in dieser Situation häufig aus und gehen einem Kampf somit aus dem Weg. Passiert dies nicht, gehen die Kontrahenten in die nächste Stufe des Aggressionsverhaltens über.

Bodenscharren. Dieses Verhalten gehört zur „zweiten Stufe" des aggressiven Verhaltens bei Meerschweinchen. Der Kontrahent zeigt ein Scharren im Bodengrund; vermutlich soll es seine Bereitschaft zum Kampf und seine Stärke zeigen.

Erstarren. Häufig kann man vor dem Ausbruch eines Kampfes ein Erstarren der Kontrahenten feststellen, das durch eine minimale Bewegung eines Tieres beendet werden kann und dann meist (vor allem bei Männchen) in einem offenen Kampf mündet.

Rückspringen/Ausweichen. Bei einem beginnenden Kampf springt ein Tier ein Stück zurück, um einem Angriff auszuweichen. Gelegentlich reicht dieses Verhalten als „Eingeständnis der Niederlage", und die Auseinandersetzung ist beendet.

Das Zeigen der Kehle ist ein Eingeständnis der Unterlegenheit. Foto: C. Ehrlich

Jagen/Beißen. Längere Kämpfe sind durch Beißereien gekennzeichnet. Die Tiere versuchen zunächst, sich gegenseitig in die vordere Körperpartie oder in die Flanken zu beißen, gelegentlich steigen sie dabei aneinander hoch oder formen eine wild quiekende „Kugel". Ein derart eskalierter Kampf tritt in Großgruppen lediglich bei der Paarungsbereitschaft von Weibchen auf und ist ansonsten ein deutliches Zeichen dafür, dass in der Gruppe etwas nicht stimmt. Eine Zusammenführung muss an dieser Stelle abgebrochen und später behutsam erneut versucht werden (s. „Vor der Anschaffung", S. 35).

Wegbeißen. Bei Weibchen verlaufen Auseinandersetzungen häufig deutlich weniger „spektakulär" und enden normalerweise nicht in offenen Beißereien. Meist reicht ein kurzer Blick des in der Hierarchie höher stehenden Tieres, um klare Grenzen zu stecken. Ein kurzer, seitlich geführter Biss, der kaum die Haut des Kontrahenten erreicht, kann ebenfalls beobachtet werden.

Jungtierverhalten

Hüpfen. Jungtiere zeigen manchmal schon wenige Stunden nach der Geburt typische unkoordinierte Luftsprünge, was manchmal „popcorning" genannt wird. Meist steckt ein Jungtier andere damit an. Dieses Verhalten kann in den Bereich „Spielen" eingeordnet werden. Das übermütige Verhalten wird von älteren Meerschweinchen häufig wenig geschätzt, sodass es in solchen Momenten zu ersten Zügelungen kommen kann. Jungtiere, die viel hüpfen, haben eine große Lebensfreude und sind gesund.

Unterkriechen/Säugen. Vor allem, wenn viele Jungtiere geboren wurden, ist der Platz an den Zitzen sehr begehrt. Das Muttertier nimmt zum Säugen eine typische Körperhaltung mit durchgedrücktem Rücken ein, damit die Jungen an die kurz vor den Hinterbeinen liegenden Zitzen herankommen können – keine angenehme Stellung, die auch für das Weibchen sehr anstrengend zu sein scheint (manche schlafen plötzlich erschöpft dabei ein).

Erstes Säugen wenige Stunden nach der Geburt
Foto: C. Ehrlich

Gruppenverhalten

Anstupsen. Meerschweinchen brauchen häufigen Körperkontakt zu ihren Artgenossen und fordern einander mit dieser Geste zum Kuscheln auf. Das Gleiche gilt bei sehr zahmen Tieren für Streicheleinheiten durch den Menschen.

Aufrichten. Hat irgendetwas die Aufmerksamkeit eines Meerschweinchens geweckt, richtet es sich mit durchgedrückten Vorderbeinen auf, streckt den Kopf vor und schnüffelt aufgeregt. Das heißt, dass das Tier wachsam ist und seine Umgebung beobachtet. Entdeckt das Meerschweinchen dabei eine Gefahr, kann es die anderen warnen (s. „Pfeifen“, S. 28).

Starre. Wenn sich die Tiere bedroht fühlen, aber weder weglaufen noch sich verstecken können, verfallen sie in eine Angststarre. Dabei bleiben sie bewegungslos stehen und legen die Ohren an. Bei manchen Tieren scheinen in solchen Momenten die Augen hervorzuquellen. Dies ist ein Anzeichen großer Angst oder übermäßigen Stresses – der Halter sollte möglichst schnell untersuchen, was dieses Verhalten auslöste, und die Ursache beseitigen.

Weitere Verhaltensweisen

Abgesehen von den oben beschriebenen Verhaltensmustern gibt es noch etliche „Komfortverhaltensweisen“ der Meerschweinchen, also verschiedenste Formen des Putzens, sowie natürlich Verhaltenselemente aus den Bereichen Ernährung und Lokomotion (Fortbewegung, Ruhen).

„Meerschweinchen-Sprache“

Neben den oben erwähnten Bestandteilen der Körpersprache bei Meerschweinchen haben diese Nager ein besonders umfangreiches Repertoire von mindestens zwölf Lauten, die in verschiedenen Situationen eingesetzt werden. Viele dieser Sprachelemente sind angeboren, andere werden von den Gruppenmitgliedern erlernt – dies zeigt, wie wichtig es ist, dass Meerschweinchen in einer natürlichen Konstellation aufwachsen, sprich: in einer Gruppe aus mehreren Meerschweinchen beider Geschlechter (ggf. kastriert).
Zudem können Meerschweinchen auch später noch neue Elemente ihrer „Sprache“ hinzufügen bzw. die Situationen, in denen die Sprachelemente eingesetzt werden, ändern oder erweitern. Das „Bettelrufen“ von Meerschweinchen, wenn der Kühlschrank geöffnet oder die knisternde Plastikfolie vom Salat entfernt wird, ist schließlich nicht angeboren. In manchen Gruppen werden diese neuen Sprachelemente übrigens auch an die Jungtiere weitergegeben bzw. diese imitieren sie von klein auf. Bereits kurz nach der Geburt lernen Meerschweinchen daher neben Bewegungskoordination und der Nahrungsaufnahme auch sehr schnell das umfangreiche Repertoire der artspezifischen Verständigung. Dies ist wichtig, damit die Tiere ihren Platz in der Rangordnung finden und einen harmonischen Kontakt zu ihren Artgenossen pflegen können. Jungtiere, die die „Sprache“ der Meerschweinchen nicht erlernen, werden häufig ihr Leben lang Probleme mit Artgenossen haben; oft kommt es zu Fehlinterpretationen des Verhaltens bzw. der Sprache der anderen Meerschweinchen und in der Folge auch zu offenen Kämpfen.
Halter, die ihre Meerschweinchen gut kennen und regelmäßig beobachten, ver-

stehen die Lautgebung und das Verhalten der Tiere recht schnell, denn im Gegensatz zu vielen anderen Kleinsäugern verstecken Meerschweinchen ihre „Sprache“ meist nicht vor dem Menschen. Zudem findet ihre Lautgebung im für Menschen hörbaren und nicht – wie bei anderen Kleinsäugern – z. B. im Ultraschallbereich statt.
Auch wenn die Beschreibung von Lauten naturgemäß ziemlich schwierig ist, soll dies hier für einige wichtige Meerschweinchen-Geräusche versucht werden, damit Sie wissen, was Ihr Meerschweinchen „zu sagen“ hat. Und dieses Verständnis kann in manchen Situationen wahrlich wichtig sein: Meerschweinchen benutzen ihre Stimme nämlich als Hauptkommunikationsmittel untereinander, und in manchen Fällen macht eine bestimmte Lautgebung auf Stress oder andere Probleme in der Gruppe aufmerksam. Es folgen daher einige wichtige Elemente der „Meerschweinchen-Sprache“ in alphabetischer Reihenfolge.

Brummen

Umwirbt ein Meerschweinchenbock ein brünstiges Weibchen, stößt er dabei einen brummenden oder gurrenden Laut hervor. Dabei wackelt das Männchen auffällig mit dem Hinterteil durch Hin- und Hertrampeln mit den Hinterfüßen, stellt die Nackenhaare auf und tänzelt um die Auserwählte. Dieses Verhalten nennt man „Rumba“, da es diesem Tanz etwas ähnelt. Das Brummen tritt nur im Zusammenhang mit dem Werben des Männchens auf.

Cirpen

Dieser seltene Laut, der einem Vogelzwitschern ähnelt, wird in rhythmischer Folge ausgestoßen, wenn die Tiere angespannt sind, erschrecken oder Rangordnungsdifferenzen ausgetragen haben. Oft steckt ein Tier, das einen solchen Ruf (manchmal mehrere Minuten ununterbrochen) ausstößt, in einem starken inneren Konflikt. Selbst Exemplare aus benachbarten Gruppen erstarren beim Erklingen dieses Lauts. Passiert in solchen Momenten etwas Unvorhergesehenes, bricht meist sofort Panik in der gesamten Gruppe aus. Häufig deutet Cirpen auf Stress hin, weswegen der Halter nach dem Auslöser suchen und ihn eliminieren sollte. Der Begriff „Cirpen“ wurde von Wissenschaftlern für diesen besonderen Laut geprägt.

Fiepen

Jungtiere, die sich verlassen fühlen und ihre Mutter suchen, fiepen manchmal kläglich. Den Ton kann man allerdings auch bei älteren Meerschweinchen hören, wenn sie einen Kameraden vermissen oder gerade von jemandem gezwickt wurden. Dieses durchdringende, hohe Geräusch ist also ein Klagelaut.

Fehlt der Blickkontakt zur Mutter, fiepen Jungtiere häufig. Foto: C. Ehrlich

Grunzen
Meerschweinchen, die sich innerhalb der Sippe freundlich begrüßen, geben oft einen Willkommenslaut von sich, der vom Laien allerdings schwer von dem üblichen „Gemurmel“ in einer Meerschweinchengruppe zu unterscheiden ist.

Glucksen
Liegen die Nager aneinander gekuschelt, glucksen oder murmeln sie dabei oft zufrieden. Dies ist ein Zeichen dafür, dass sie sich wohl und geborgen fühlen. Beim Streicheln kann man das Glucksen mitunter auch wahrnehmen – dies ist dann ein Zeichen dafür, dass das Meerschweinchen seinen Halter (und die Streicheleinheiten) besonders schätzt. Manche Meerschweinchen nutzen diesen Laut allerdings nur unter Artgenossen.

Gurren
Diesen Beruhigungslaut hört man beispielsweise, wenn das Muttertier auf sein Junges zuläuft. Aber auch ältere Meerschweinchen, die sich gut verstehen, halten auf diese Weise Kontakt. Wahrscheinlich wurde dieser typische Meerschweinchen-Laut entwickelt, damit Gruppenmitglieder oder eben Jungtiere auch ohne Sichtkontakt den Anschluss zur Gruppe halten können.

Lautes, forderndes Quieken
Jeder Meerschweinchenhalter kennt das Spiel: Er geht in die Küche und öffnet einen Schrank, oder eine Tüte raschelt, und die ganze Bande bettelt lautstark nach einem Leckerbissen. Meerschweinchen können sehr leicht bestimmte Geräusche mit Situationen wie z. B. der Fütterung in Verbindung bringen. Dieses Quieken entwickelte sich vermutlich aus dem Fiepen (s. o.); bei einer Haltung mit engem Menschenkontakt wird es oft auch als Ruf nach Aufmerksamkeit genutzt.

Pfeifen
Wenn Gefahr droht, warnen Meerschweinchen ihre Gruppe durch lautes, abgehacktes Rufen. Bei Ertönen dieses Geräuschs verstecken sich alle Gruppenmitglieder meist sofort.

Schrilles Quieken
Dieses Geräusch drückt Angst, Schmerzen oder starkes Unbehagen aus, manche Tiere stoßen es z. B. beim Krallenschneiden aus.

Trällern
Fühlt sich ein weibliches Meerschweinchen von einem männlichen Artgenossen bedrängt, kann man diesen tiefen, trällernden Drohlaut hören. Hält das Männchen keinen Abstand, wird er manchmal mit einem Strahl Urin abgewehrt (so genanntes „Anharnen“; s. o.).

Zähneklappern
Zischen und Zähneklappern, manchmal in Verbindung mit Scharren, bedeuten immer, dass ein Rangordnungskampf bevorsteht. Vor allem Männchen nutzen dieses Verhalten. Um dem Gegner zu imponieren, macht sich das Tier dabei groß, indem es seine Beine und den Körper hochstellt.

Ernährung in freier Natur

Die Vorfahren unserer Hausmeerschweinchen, die Wildmeerschweinchen, fressen in ihren südamerikanischen Habitaten vor allem Gräser und Blätter (hoher Vitamin-C-Gehalt!). Häufig enthält diese Nahrung nicht sonderlich viel Wasser, da der Lebensraum der Tiere meistens recht trocken ist. Früchte von Pflanzen gibt es in der Regel nur sehr selten im Jahr, wenn sie gereift von den Büschen und Bäumen herunterfallen. Dies geschieht aber – wie gesagt – nur zu bestimmten Zeiten, und diese Früchte haben zudem selten einen höheren Zuckergehalt. Gräsersamen, die Stärke enthalten, gibt es ebenfalls nicht ständig und aufgrund der Nahrungskonkurrenz äußerst selten in reifer Form. Ihre Grünzeug-Diät nehmen die Tiere während der Aktivitätszeiten ständig auf, sie sind also kontinuierlich weidende Pflanzenfresser.

Natürliche Nahrung
Die Nahrung der Meerschweinchen in der Natur ist eher karg (fett- und proteinarm), rohfaser- und vitaminreich, aber zuckerarm. Diese Eigenschaften kennzeichnen bis heute eine artgerechte Meerschweinchenernährung (s. „Ernährung", S. 74).

Aber natürlich handelt es sich bei unseren Hausmeerschweinchen ja nicht um in Menschenhand gehaltene Wildtiere, sondern um über mehrere Tausend Jahre domestizierte Haustiere. In ihren Ursprungsländern hält man Hausmeerschweinchen seit Hunderten Jahren in kleinen Bodengehegen, in die neben Gras vor allem Küchenabfälle geworfen werden. Dies mag der Grund sein, warum Hausmeerschweinchen einen höheren Anteil an Getreide im Futter vertragen – Tiere, die damit nicht klar kamen, wurden im Laufe der Domestikation „herausselektiert". Nichtsdestoweniger ist eine möglichst natürliche Ernährung eine wichtige Säule der erfolgreichen Haltung von Meerschweinchen – denn im Gegensatz zu den gemästeten „Speisemeerschweinchen" in Südamerika sollen unsere Heimtiere ja etliche Jahre glücklich und gesund bleiben!

Grünzeug ist eine wichtige Säule der Meerschweinchenernährung. Foto: C. Ehrlich

Geschlechtsunterschiede

Mit etwas Übung kann man das Geschlecht eines Meerschweinchens selbst bei Jungtieren recht schnell und sicher bestimmen. Halter sollten sich vor dem Kauf eingehend mit der Bestimmung der Geschlechter vertraut machen, denn nur wer selbst feststellen kann, welches Geschlecht die angebotenen Tiere haben, kann ausschließen, dass er „aus Versehen" ein Pärchen kauft und somit eventuell ungewollter Nachwuchs erzeugt wird.

Tipp: Geschlechtsbestimmung

Am einfachsten ist die Geschlechtsbestimmung bei Jungtieren, wenn man mehrere gleich alte Tiere vor sich hat. Dies ist bei Züchtern manchmal möglich und gestattet es auch Anfängern, schnell den „Blick fürs Wesentliche" zu entwickeln.

Bei jungen Männchen lässt sich der ansonsten versteckte Penis leicht aus der sichtbaren Präputialtasche („Geschlechtsöffnung") herausmassieren. Dies geschieht stets von der Bauchseite aus mit einem vorsichtigen Streichen Richtung Genitalöffnung. Normalerweise ist diese Methode allerdings überflüssig, denn ein etwas geübtes Auge kann das Geschlecht – vor allem, wenn es Vergleichsmöglichkeiten gibt – leicht auch von außen bestimmen und dem Tier diese Prozedur somit ersparen. Das häufigste Problem liegt hierbei darin, dass der Halter den recht geringen Unterschied im Abstand zwischen After und Genitalöffnung i. d. R. schlecht feststellen kann – beim Männchen ist er etwas größer. Im Gegensatz zu vielen anderen Nagern ist der Unterschied durch die Lage der Genitalstrukturen aber nicht derart offensichtlich, dass ein Anfänger die Geschlechter leicht unterscheiden könnte.

Sicherstes Zeichen für die Bestimmung des Geschlechts junger Meerschweinchen ist somit die Struktur der Analregion: Beim Männchen zeigt sich durch angrenzende

Geschlechtsunterschiede bei jungen Meerschweinchen: links Männchen, rechts Weibchen.
Foto: C. Ehrlich

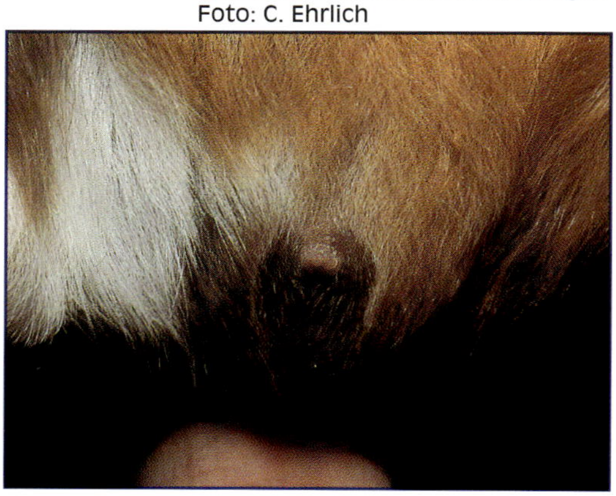

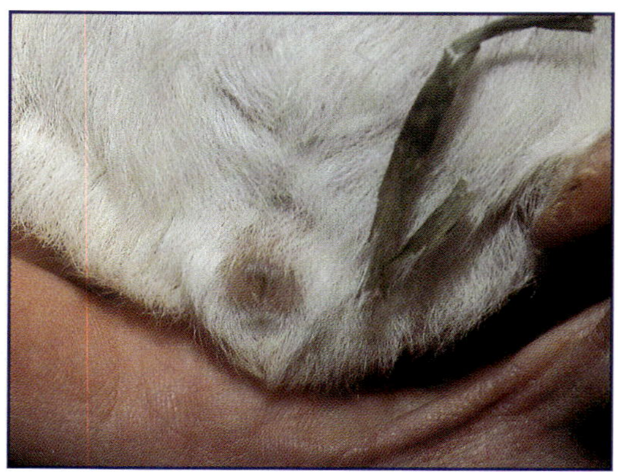

Hautwülste ein einzelner Schlitz („I“), während Weibchen ein deutliches „Y“ besitzen. Die Männchen haben oberhalb des Schlitzes die Präputialöffnung (aus der man den Penis massieren könnte), allerdings besitzen vor allem junge weibliche Meerschweinchen eine recht ausgeprägte Harnröhrenmündung, die mit der Präputialöffnung verwechselt werden könnte (beides sind „Zipfelchen“). Daher ist die Unterscheidung in „I“ und „Y“ die sicherste und einfachste Methode. Bei ausgewachsenen Tieren ist die Unterscheidung meist noch einfacher, denn intakte Männchen besitzen rechts und links neben der Genitalregion deutlich sichtbare Wülste, unter denen sich die Hoden verbergen. Die Hoden sind nicht die ganze Zeit offen sichtbar, da das Männchen sie durch den großen Leistenspalt in die Bauchhöhle einziehen kann. Die Unterscheidung in „I“ und „Y“ funktioniert überdies auch bei erwachsenen Tieren (und eben auch bei kastrierten Männchen), wobei ausgewachsene Männchen zudem eine sehr deutliche Präputialöffnung („Zipfelchen“) besitzen.

Eine sichere Geschlechtsbestimmung ist schon bei Jungtieren möglich. Foto: C. Ehrlich

Domestikationsgeschichte

Meerschweinchen zählen zu den ältesten Haustieren des Menschen. Bereits vor 12.000 Jahren wurden die südamerikanischen Nager von Ureinwohnern gejagt, vor 3.000–6.000 Jahren begann in den Andengebieten (der heutigen Staaten Ecuador, Peru und Bolivien) die Haltung der Tiere als Fleischlieferanten. Damals stellten Meerschweinchen die wichtigste Fleischressource der dort lebenden Menschen dar. Die Nager dienten aber auch in der Volksmedizin, für Weissagungen und als Opfertier. In seinen Ursprungsländern trägt das Hausmeerschweinchen bzw. Cuy (s. S. 33) bis in die Gegenwart einen beträchtlichen Teil zur Fleischversorgung der einfachen Bevölkerung bei: Die Tiere werden dort auch heute noch in größeren Gruppen in Gruben oder frei laufend gehalten; sie leben dabei in den Hütten der Einheimischen oder in deren direkter Umgebung.

In Südamerika gibt es bis heute Cuy-Züchter, die Speisemeerschweinchen vermehren. Foto: M. Cadena Arias

In Europa hielten Meerschweinchen logischerweise erst viel später Einzug: Im 16. Jahrhundert wurden sie von den spanischen Eroberern als Haustiere der Inkas entdeckt. Die Spanier brachten sie dann wahrscheinlich bei ihrer Rückkehr erstmals als Spielgefährten für die Kinder mit. Die erste kurze Erwähnung von Meerschweinchen in Europa stammt aus dem Jahre 1554 von Konrad GESNER. Aus dem Jahre 1670 ist überliefert, dass niederländische Kaufleute die niedlichen Nager aus Guyana mitbrachten, um 1680 wurden in Holland gezüchtete Meerschweinchen bereits nach Frankreich und England verkauft. Danach entwickelten sich die Nager in Europa sehr schnell zu einem der beliebtesten Heimtiere, wobei zu ihrer Wertschätzung sicherlich beitrug, dass sie bereits zu diesem Zeitpunkt eine große Farbvielfalt aufwiesen. Neben ihrer Karriere als Heimtier werden Meerschweinchen zudem seit über 100 Jahren als Labortiere genutzt.

Neben anatomischen Anpassungen (s. o.) hat sich auch das Verhalten der Hausmeerschweinchen im Vergleich zu den wilden Meerschweinchen geändert: Die domestizierten Nager zeigen erhöhte soziale Verträglichkeit und verminderte Wachsamkeit – dies sind typische Domestikationsmerkmale. Es handelt sich dabei um sinnvolle Anpassungen, die das Leben der Tiere und ihre Haltung unter den speziellen Bedingungen in Menschenhand erleichtern: Die wenig aggressiven Hausmeerschweinchen lassen sich somit beispielsweise leichter auf engem Raum halten und züchten als die Wildform. Die erstaunliche Toleranz gegenüber Artgenossen ist eine der wichtigsten Voraussetzungen für das Leben in Menschenhand und ermöglicht eine problemlose, tiergerechte und belastungsfreie Haltung. Diese typischen Haustiermerkmale, die es auch bei anderen schon seit Jahrhunderten gehaltenen Tieren gibt, prädestinieren die domestizierten Nager für ein Leben im Haus – und eben nicht in der Natur. Dieser Punkt darf nicht vergessen werden: Bei Hausmeerschweinchen handelt es sich um domestizierte Tiere, deren Ansprüche dementsprechend nur bedingt von der Lebensweise ihrer Stammform abgeleitet werden können. So ist es auch kaum verwunderlich, dass es in einigen Bereichen doch deutliche Unterschiede zwischen Haus- und Wildmeerschweinchen gibt.

Inzwischen werden Cuys auch in Deutschland gehalten – wenn auch nicht als Schlachttiere.
Foto: C. Ehrlich

Cuys

Das Hausmeerschweinchen ist nicht die einzige Domestikationsform des Wildmeerschweinchens. In Südamerika entstand im Laufe der Zeit auch das Cuy (*Cavia aperea* f. *cobayo*), das auf möglichst großes Gewicht gezüchtet wurde. Vom Wildmeerschweinchen (*Cavia aperea*) abstammend, entwickeln sich Hausmeerschweinchen und Cuys seit etwa 500 Jahren getrennt voneinander. Während in Europa Rassen des Hausmeerschweinchens mit verschiedenen Haarstrukturen und Fellfarben herausgezüchtet wurden, legten die Züchter in Südamerika beim Cuy Wert auf den Nutzwert der Tiere, und so entwickelten sich verschiedene Fleischrassen, wie z. B. die großen Cobayos, die mit einer Körpergröße von über 50 cm und einem Gewicht von bis zu 4,65 kg (!) wahre Riesen sind.

Doch nicht nur das Endgewicht, sondern auch das schnelle Wachstum spielt eine wichtige Rolle. So soll bei dieser Rasse der Cuy-Bock im Alter von vier Monaten ein Gewicht von einem Kilogramm nicht unterschreiten, ein Cuy-Weibchen sollte mit drei Monaten mindestens 750 g auf die Waage bringen. Cuys nehmen in der Wachstumsphase pro Tag doppelt so viel zu wie Hausmeerschweinchen, nämlich durchschnittlich über 100 g pro Woche. Das Schlachtgewicht von normalerweise 2–2,5 kg ist bei den Cobayos nach etwa 9–12 Monaten erreicht. Es gibt aber auch kleinere Cuy-Rassen, die „nur“ etwa 1,7 kg schwer werden, dafür aber in kargeren Gebieten bestehen können. Die Zuchtziele diesseits und jenseits des Atlantiks waren also deutlich unterschiedlich.

Cuys erreichen hierzulande längst nicht das Gewicht der südamerikanischen „Originale", man nennt sie auch „Euro-Cuys". Foto: C. Ehrlich

In Südamerika werden die „Riesenmeerschweinchen" in vier Klassen eingeteilt: Typ I umfasst Glatthaar- und Crested-Cuys, im Typ II sind die Rosetten-Cuys vereinigt, im Typ III werden überwiegend langhaarige Cuys geführt, und der vierte Typ enthält alle Cuys mit gelockter Fellstruktur. Cuys gibt es zudem in vielen Farben, aber da sie in Südamerika gerupft und gegrillt werden, bevorzugt man dort helle Tiere; die schwarze Haut verleiht dem Meerschweinchen auf dem Grill nämlich ein unästhetisches Aussehen.

Tipp: Cuys

Mit dem Thema Cuys ließe sich ein eigenes Büchlein füllen – leider können wir aus Platzgründen nur sehr kurz auf diese interessanten Haustiere eingehen. Sollten Sie Interesse an der Haltung der Riesenmeerschweinchen haben, wenden Sie sich am besten an einen Meerschweinchenverein, dort wird man Ihnen sicherlich gerne weiterhelfen. Die Adressen der Meerschweinchenvereine finden Sie am Ende des Buches.

In Deutschland hat sich der Name Cuy inzwischen ebenfalls als Sammelbegriff für die Riesenrassen etabliert. Es gibt die „Speisemeerschweinchen" hierzulande in unterschiedlichen, vorzugsweise kurzhaarigen Rassen. Die deutschen Cuys erreichen häufig allerdings nicht die „Gardemaße" der südamerikanischen Züchter, da hier weniger auf Masse gezüchtet wird (weil man sie ja auch nicht verspeisen will). Die riesenhaften Meerschweinchen erfreuen sich trotz ihres hektischen Verhaltens eines stetig wachsenden Freundeskreises unter Meerschweinchenliebhabern. So gab es 2003 sogar die erste Cuy-Ausstellung in Deutschland, auch spezielles Cuy-Futter wird angeboten. Leider fehlen bisher neue Importe aus Südamerika, die zur Blutauffrischung dringend nötig wären.

Die Namen des Meerschweinchens

Bei den meisten Haltern hat sich die Geschichte, die hinter dem Namen „Meerschweinchen“ steht, bereits herumgesprochen: „Meer“, weil die Tiere damals mit Schiffen über den Atlantik nach Europa gebracht wurden, und „Schweinchen“, weil die Nager wie ein kleines Schwein quieken (vor allem, wenn man sie falsch anfasst). Der wissenschaftliche Gattungsname *Cavia* kommt vom portugiesischen Wort çavia (heute savia), was sich wiederum vom Tupi-Wort saujá ableitet, was in der Sprache der südamerikanischen Ureinwohner auch „Ratte“ bedeutet.

Andere Länder, andere Namen: In England und den USA heißen die Tiere guinea pig, der genaue Ursprung dieses Namens ist umstritten, man nimmt aber an, dass damit das südamerikanische Guyana (als Herkunft der Tiere) gemeint sein könnte, aber mit dem afrikanische Guinea im Wortgebrauch verwechselt wurde. Eine andere Theorie besagt, das der Name soviel bedeutet wie „Schwein, das eine Guinee kostet“; diese Namenserklärung verdeutlicht, wie teuer die exotischen Nager anfangs gewesen sein müssen.

In den Niederlanden heißen Meerschweinchen nach ihrem wissenschaftlichen Gattungsnamen meistens Cavia, manchmal aber auch Guinees biggetje. In Frankreich sind Meerschweinchen unter dem Namen cochon d’Inde bekannt, was bedeutet „Schwein aus Indien“ – ein Begriff, der das eigentliche Ziel Kolumbus’ beinhaltet. Die Spanier nennen Meerschweinchen entsprechend conejillo de Indias („Kleines Kaninchen aus Indien“).

In Südamerika gibt es mannigfaltige Bezeichnungen für Meerschweinchen und die verschiedenen Fleischrassen. Vielfach werden sie cuy genannt (vom lautmalerischen Quechua-Wort „quwi“), einige weitere Bezeichnungen (von mehreren Dutzend) sind curi, huanco, curiel und cochinillo.

In Europa sollen nach einer Übereinkunft der nationalen Vereine Rassemeerschweinchen in Zukunft einheitlich „Cavias“ genannt werden, da sich dies aber noch nicht durchgesetzt hat, verwenden wir in diesem Buch weiter vor allem den Begriff „Rassemeerschweinchen“.

Nomen est omen: Die Namen des Meerschweinchens zeugen von seiner Herkunft. Foto: C. Ehrlich

Vor der Anschaffung

Häufiger als man meinen mag, entscheiden sich Menschen, ein Meerschweinchen zu erwerben, nur weil es „so niedlich“ ist. Jeder gewissenhafte Halter sollte sich jedoch Gedanken über einen wichtigen Punkt machen: „Passt dieses Tier auch in mein Leben?“ Die folgenden Ausführungen sollen Ihnen helfen, diese Frage zu beantworten und die Entscheidung für oder gegen die Anschaffung von Meerschweinchen erleichtern. Hüten Sie sich vor Spontankäufen!

Viele Meerschweinchen werden nach kurzer Zeit wieder abgegeben, weil sich herausstellt, dass ein Familienmitglied allergisch auf die neuen Heimtiere reagiert. Um den

Die Anschaffung von Meerschweinchen muss genau durchdacht sein! Foto: C. Ehrlich

Nagern dieses Schicksal zu ersparen, sei jedem empfohlen, vor dem Kauf einmal Meerschweinchen von Verwandten oder Bekannten eine Zeit lang in Pflege zu nehmen – beispielsweise während des Urlaubs. Wenn bei diesem Test keine Probleme auftreten, kann man schon mit großer Sicherheit sagen, dass keine Allergien vorliegen.
Auch wenn keine Allergien auftreten, kann ein solcher „Testlauf" sehr wichtig sein, denn vielleicht stellen Ihre Mitbewohner fest, dass sie keinesfalls mit Meerschweinchen zusammenleben möchten. In jedem Fall sollte vor der Anschaffung der Tiere mit allen beteiligten Menschen ein Gespräch geführt werden, um eventuell auftretende Probleme schon im Vorfeld zu erkennen.
Und nicht zuletzt kostet die Haltung von Meerschweinchen auch Geld. Nur Halter, die bereit sind, größere Summen für geräumige Käfige oder langwierige Tierarztbehandlungen auszugeben, sollten sich weiter mit dem Gedanken der Haltung dieser Tiere beschäftigen.
Stellen Sie sich vor dem Kauf also folgende Fragen:

Fragen vor dem Kauf

- Tolerieren Ihre Mitbewohner die Haltung von Meerschweinchen?
- Reagiert keiner in der Familie allergisch auf Tierhaare?
- Haben Sie ausreichend Zeit, um die notwendige Pflege und Beschäftigung zu gewährleisten, und das nötige Geld, um die Kosten für Käfig, Einrichtung und Futter zu tragen?
- Verfügen Sie über einen „rauchfreien", ausreichend temperierten Raum, in dem der Käfig aufgestellt werden kann, oder einen geeigneten Platz im Garten?
- Haben Sie ausreichend Platz in Ihrer Wohnung, um den recht großen Käfig unterzubringen?
- Haben Sie einen vertrauenswürdigen Pfleger für die Urlaubzeit?
- Sind Sie bereit, die teilweise immensen Tierarzt-Kosten für die Behandlung kranker Meerschweinchen zu tragen und ggf. weitere Strecken für die Fahrt zu einem Spezialisten in Kauf zu nehmen?

Wenn Sie alle Fragen mit „ja" beantworten können, steht dem Kauf von Käfig und Zubehör sowie kurz darauf der Meerschweinchen eigentlich nichts im Wege.

Was braucht ein Meerschweinchen?

Vor der Anschaffung von Meerschweinchen muss sich der Halter im Klaren darüber sein, ob er ihnen auch geben kann, was sie für ein langes, gesundes Leben benötigen. Dies fängt mit der Behausung an (s. auch „Haltung", S. 56): Für zwei Meerschweinchen – eine Einzelhaltung ist nicht artgerecht und scheidet daher aus – sollte das Platzangebot mindestens 0,6 m^2 umfassen, also z. B. einen Käfig von 1,2 m x 0,5 m. Zudem kann ein regelmäßiger beaufsichtigter Freilauf ein guter Ausgleich für die Tiere sein. Die Grundausstattung des Käfigs beinhaltet Einstreu, Versteckmög-

Die Käfig-Erstausstattung kostet mindestens 100 Euro. Foto: C. Ehrlich

lichkeiten, eine Wasserflasche, einen schweren Futternapf, eine Heuraufe und ggf. einen Mineralstein. Rechnen Sie mit etwa 100–150 Euro für die Erstanschaffungen für zwei Meerschweinchen (bei einer Haltung im Haus), weitere 20–25 Euro müssen Sie pro Monat für die Verpflegung der beiden Tiere einrechnen.

Meerschweinchen sind gar nicht einfach zu ernähren: Sie benötigen Heu, Grünfutter (auch im Winter!) und Meerschweinchen-Trockenfutter. Bedenken Sie vor dem Kauf, dass Sie nicht nur einen Zoofachhändler mit Kleintier-Abteilung in der Nähe haben müssen, sondern auch die Gemüseabteilungen der Umgebung wichtige Anlaufstellen sein werden (s. „Ernährung“, S. 74).

Das Wichtigste für Meerschweinchen ist aber mindestens ein Artgenosse. Auch wenn Sie sich als Halter noch so sehr um ein Meerschweinchen bemühen, können sie ihm doch niemals den artgleichen Partner ersetzen!

Meerschweinchen sind Gruppentiere

Im Kapitel „Biologie" haben Sie erfahren, wie interessant und umfangreich das Sozialverhalten der Meerschweinchen ist – nur eine Haltung mindestens zweier Meerschweinchen ist also tiergerecht!

Einzeln gehaltene Meerschweinchen werden nicht – wie manchmal behauptet wird – zahmer als in Paaren oder Gruppen lebende Tiere. Ganz im Gegenteil: Durch die vielen Verhaltensstörungen, die sich nach und nach – oft unbemerkt – entwickeln, kann es passieren, dass in „Einzelhaft" lebende Meerschweinchen sehr aggressiv werden! Abgesehen davon ist es wirklich eine Tierquälerei, ein Meerschweinchen ohne Artgenossen zu pflegen, denn die Möglichkeit zur Kommunikation wird dem Tier genommen, und es kann keinerlei arttypische Sozialverhaltensweisen ausleben – angefangen beim Kuscheln mit dem Partner bis hin zu kleinen Zankereien um einen besonders leckeren Happen.

Tipp: Meerschweinchen und Kaninchen

Halten Sie niemals ein Meerschweinchen mit einem Kaninchen zusammen, denn das ist Tierquälerei! Diese leider immer noch beliebte „Kombination" ist für beide Tiere problematisch, was durch wissenschaftliche Untersuchungen bestätigt wurde. Beide benötigen Partner der eigenen Art, um artgerecht leben zu können!

Nur unter Artgenossen glücklich: Meerschweinchen sind Gruppentiere. Foto: U. Schanz

Das gilt übrigens auch für die Konstellation „Meerschweinchen und Kaninchen". Nur allzu gerne werden häufig ein Meerschweinchen und ein Kaninchen unwissenden Haltern verkauft – mit weit reichenden Folgen für die Tiere. Meerschweinchen und Kaninchen haben völlig verschiedene Verhaltensweisen und besitzen unterschiedlichste Elemente von Laut- und Körpersprache. Man könnte sagen: Ein Meerschweinchen und ein Kaninchen in einem Käfig sind gemeinsam einsam. Warum manchmal immer noch zu der Vergesellschaftung dieser so völlig unterschiedlichen Tiere geraten wird, ist völlig unverständlich, denn schon vor etlichen Jahren bewiesen Wissenschaftler, dass Meerschweinchen – wenn sie die Wahl haben – sogar lieber allein bleiben als ständig mit einem Kaninchen zusammenzuleben! Das ist wirklich ein deutlicher Beleg dafür, wie unsinnig die Vergesellschaftung dieser Tierarten ist. Die einzige tiergerechte „Kombination" wäre eine Großgruppe Meerschweinchen mit z. B. zwei Kaninchen – doch so eine Haltung ist natürlich nur in sehr großen Anlagen möglich.
Meerschweinchen können also nur mindestens zu zweit oder als Gruppe artgerecht gepflegt werden. Fragt sich nur, welche Kombination die richtige ist … Dazu im Folgenden mehr.

Männchen, Weibchen oder Pärchen?

Es gibt mehrere für die Haltung von Meerschweinchen in Frage kommende Konstellationen. Sollen nur zwei Tiere gepflegt werden, ist es die natürlichste Lösung, wenn ein Männchen und ein Weibchen zusammen gehalten werden. Hier kann man fast das gesamte soziale Verhalten der Tiere beobachten. In diesem Fall gibt es aber das Problem, dass Nachwuchs ansteht, den man nur zulassen sollte, wenn gesichert ist, dass die Kleinen ein ordentliches Zuhause bekommen oder selbst behalten werden können.
Da viele Halter nur ein einziges Mal die Aufzucht von Meerschweinchen-Jungen erleben möchten, wird die Haltung eines Weibchens mit einem – zu passender Zeit kastrierten – Bock oft als ideal angesehen. Dabei ist allerdings zu beachten, dass der Bock auch nach der Kastration noch einige Zeit zeugungsfähig ist und daher nicht sofort wieder zurück zum Weibchen gesetzt werden kann (s. „Kastration", S. 172).
Aber auch, wenn man keine Jungen wünscht, ist die gemeinsame Haltung eines Kastraten und eines Weibchens sehr empfehlenswert, da diese Konstellation in der Regel sehr harmonisch ist – dieses Zusammenleben entspricht unter allen „Zweiergruppen" der Natur des Meerschweinchens am ehesten. Zudem hat die Kombination den Vorteil, dass von den angebotenen Meerschweinchen nicht stets ein Geschlecht „übrig bleibt". Häufig sind es die Männchen, die im Zoohandel seltener gekauft werden und somit oft als Futtertiere enden. Dieses Schicksal zu vermeiden, sollte dem Meerschweinchenfreund die gar nicht so hohen Kosten der Kastration wert sein!
Zudem gibt es die Möglichkeit, zwei Weibchen oder zwei Männchen gemeinsam zu

pflegen. Dies hat grundsätzlich den Nachteil, dass die Meerschweinchen in diesen Konstellationen nicht ihr vollständiges Verhalten ausführen können – den Tieren fehlt also etwas. Natürlicherweise leben bei Meerschweinchen eben Männchen und Weibchen zusammen. Häufig werden zwei Weibchen als sehr gute Konstellation empfohlen. Auch hierbei handelt es sich aber, wie erwähnt, um eine unnatürliche Haltungsform, die in der Regel aber aggressionsfrei verläuft – was jedoch nicht bedeutet, dass die Tiere sich uneingeschränkt wohl fühlten. Das gilt natürlich auch für größere rein weibliche Gruppen. Die „ausgleichende" Rolle der Männchen fehlt in reinen Weibchenverbänden – wer im direkten Vergleich eine Gruppe mit Weibchen und einem Männchen bzw. Kastraten gesehen hat, weiß, wovon wir hier reden. Besonders, wenn der Bock recht groß und kräftig ist, scheint schon seine bloße Anwesenheit dafür zu sorgen, dass Streit unter den Weibchen erst gar nicht eskaliert – auch wenn sonst eigentlich die Weibchen das „Sagen" haben (s. „Biologie", S. 6).

Tipp: Männliche Meerschweinchen

Leider haben männliche Meerschweinchen ein schlechtes Image: Es wird oft behauptet, Männchen seien geruchsintensiver als die Weibchen, würden häufiger beißen sowie angeblich auch nicht so zahm werden. All diese Vorurteile sind bei artgerechter Haltung falsch! Viele Halter haben sogar die Erfahrung gemacht, dass gerade beim Auslauf im Zimmer die Männchen die Lebendigeren und Lebhafteren sind, sich aber genauso gerne anfassen und streicheln lassen wie die Weibchen.

Harmonisches Paar: Männchen und Weibchen vertragen sich am besten. Foto: C. Ehrlich

Im Gegensatz zu immer wieder verbreiteten Gerüchten kann man auch reine Männchengruppen pflegen; dies ist aber ebenfalls eine unnatürliche Haltungsform. Zwei erwachsene Männchen lassen sich in den meisten Fällen nicht mehr aneinander gewöhnen. Zwar bestätigen auch hier Ausnahmen die Regel, doch auf solche Tests sollte sich der Liebhaber besser nicht einlassen. Viel einfacher ist der Kauf zweier Jungtiere im Alter von 5–8 Wochen. In diesem Alter zusammengesetzte Männchen vertragen sich ihr Leben lang – vorausgesetzt, sie haben nie Kontakt (Blick, Geruch) zu weiblichen Artgenossen! Stirbt später eines von beiden Männchen, dann kann man dem Überlebenden auch wieder ohne Probleme einen Partner geben. Es ist übrigens völlig normal, dass häufig eines der Männchen typisch weibliche Verhaltensweisen zeigt. Solche „Pseudo-Weibchen" gibt es auch in gemischtgeschlechtlichen Gruppen. Auch größere Männchengruppen wurden bereits realisiert, jedoch funktionieren sie in der Regel nur bei gerader Tieranzahl. Völlig problemfrei ist die Haltung einer Gruppe kastrierter Männchen – das Verhalten dieser Gruppe ist allerdings sehr verändert bzw. reduziert.

Besonders interessant ist es natürlich, eine größere Gruppe von Meerschweinchen zu halten. Will man nicht züchten, gibt es die Möglichkeit, einen oder mehrere Kastraten zusammen mit Weibchen in einem entsprechend großen Gehege zu pflegen. Soll mit den Tieren gezüchtet werden, ohne auf bestimmte Rassemerkmale Wert zu legen, so ist auch die gemeinsame Haltung von mehreren Männchen und mehreren Weibchen möglich. Natürlich müssen bei einer solchen Konstellation entsprechender Platz und ausreichend Versteckmöglichkeiten zur Verfügung stehen. Innerhalb einer solchen Gruppe entsteht unter den Weibchen und unter den Männchen eine sich im stetigen Fluss befindliche Rangordnung (s. „Biologie", S. 6). Dies ist sehr interessant zu beobachten! Allerdings ist die Vermittlung derart vieler Jungtiere meist schwierig, sodass die Kastration der Männchen sinnvoll erscheint.

Wenn das Partnertier stirbt

Tipp: Meerschweinchen-Senioren

Für Halter mit mehreren älteren Meerschweinchen kann es sinnvoll sein, eine größere Gruppe älterer Meerschweinchen entstehen zu lassen, damit nicht nach dem Tod des nächsten Tieres die gleichen Probleme erneut auftreten.

Manchmal geht es ganz schnell: Von einem Tag auf den anderen verstirbt eines der lieb gewordenen Meerschweinchen. Aber nicht nur für den Menschen ist der Verlust ein schwieriger Moment. Noch schlimmer sind die Auswirkungen auf das Partnertier! Leben die Meerschweinchen in einer größeren Gruppe, so wird der Verlust nach einigen Tagen von den verbliebenen Tieren verkraftet, und das Leben geht weiter. Wurden jedoch nur zwei Tiere zusammen gepflegt, so ist durch den Tod eines der beiden eine große Lücke im Leben des Verbliebenen entstanden. Nur ein Artgenosse kann diese Lücke schließen. Zwar bedeutet die Zusammen-

Man sollte nur etwa gleich alte Tiere vergesellschaften. Foto: C. Ehrlich

gewöhnung mit einem neuen Partner ein gewisses Maß an Stress vor allem für ältere Meerschweinchen, jedoch ist dies verglichen mit dem ansonsten anstehenden Leben in Einsamkeit das geringere Übel.

Für die erneute Vergesellschaftung eignen sich ganz besonders gut gleichaltrige Meerschweinchen, die aus einer ähnlichen Haltung kommen. Versuchen Sie nicht, ein Jungtier mit einem älteren Meerschweinchen oder z. B. zwei ältere Meerschweinchen zu vergesellschaften, die vorher in unterschiedlichen Konstellationen (reine Männchen-/Weibchengruppen, gemischte Gruppen) gelebt haben – häufig werden sich die Tiere ansonsten heftigere Auseinandersetzungen liefern. Bei größeren Altersunterschieden ist dies durch die unterschiedliche „Interessenlage" bedingt: Junge Meerschweinchen toben gerne durch den Käfig, während die älteren Tiere lieber ihre Ruhe haben möchten. Stammen die Tiere aus verschiedenen Konstellationen, kann es sein, dass sie sich an die neue Art des Zusammenlebens nicht gewöhnen können und ständig Kämpfe ausbrechen, da sich die Tiere nicht verstehen.

Wie bereits erwähnt, lassen sich zwei erwachsene Männchen häufig nicht mehr aneinander gewöhnen. In den meisten Fällen kann man aber ein fünf bis acht Wochen altes Jungtier mit einem älteren Männchen vergesellschaften. In dieser besonderen Situation bleibt es der genauen Abschätzung des Halters überlassen, ob eine solche Vergesellschaftung (je nach Alter des verbliebenen Tieres) sinnvoll ist und damit dem Jungtier zuzumuten ist.

Aber auch, wenn man ein potenziell „ideales" Partnertier gefunden hat, klappt das Zusammensetzen nicht immer, denn auch dann ist noch nicht gesagt, dass beide wirklich harmonieren – im Fall der Fälle heißt es: weiter suchen!

Meerschweinchen und andere Heimtiere

Um es gleich zu Beginn, und weil es so wichtig ist, erneut zu sagen: Meerschweinchen sollten nur mit Artgenossen in einem Käfig leben! Es ist nicht möglich, sie mit anderen Kleinsäugern, Vögeln etc. direkt zu vergesellschaften.

In der Wohnung, in der Meerschweinchen leben, muss der Halter aber nicht notwendigerweise auf alle anderen Tiere verzichten. Jedoch ist Vorsicht geboten: Bei Hunden und Katzen kommt es nämlich auf die „Charaktere" der Tiere an. Manche Katzen und Hunde, die von klein auf an Meerschweinchen gewöhnt wurden und gelernt haben, dass sie den Tieren nichts tun dürfen, belästigen die Nager in der Regel nicht. Anders ist dies bei Katzen und Hunden, die bisher keine Käfigtiere kannten: Häufig greifen sie die Meerschweinchen an oder versuchen, durch die Gitterstäbe zu „angeln" – dies sorgt für immensen Stress unter den Meerschweinchen und macht eine räumliche Trennung oder eine Haltung in Gehegen ohne Gitter (z. B. Glas) nötig. Aber auch bei gewöhnten Hunden und Katzen kommt manchmal der Jagdtrieb durch, weswegen man immer aufpassen sollte! Insbesondere sollte der Halter auf ausreichend Versteckmöglichkeiten achten, sodass sich die Meerschweinchen zurückziehen können. Vor allem nach der Geburt ist das wichtig: Es kam schon vor, dass das „liebe Kätzlein" frisch geborene Meerschweinchen mit den Krallen durchs Gitter zog und verspeiste (junge Meerschweinchen passen nämlich auch bei Katzen ins Beuteschema!). Grundsätzlich ist es sicherer und stressfreier für alle beteiligten Tiere, wenn die Meerschweinchen in einem eigenen Raum untergebracht sind. Beim Freilauf dürfen Hund und Katze auf keinen Fall anwesend sein!

Ob Katzen und Meerschweinchen zusammen in einer Wohnung leben können, ist eine „Charakterfrage". Foto: C. Ehrlich

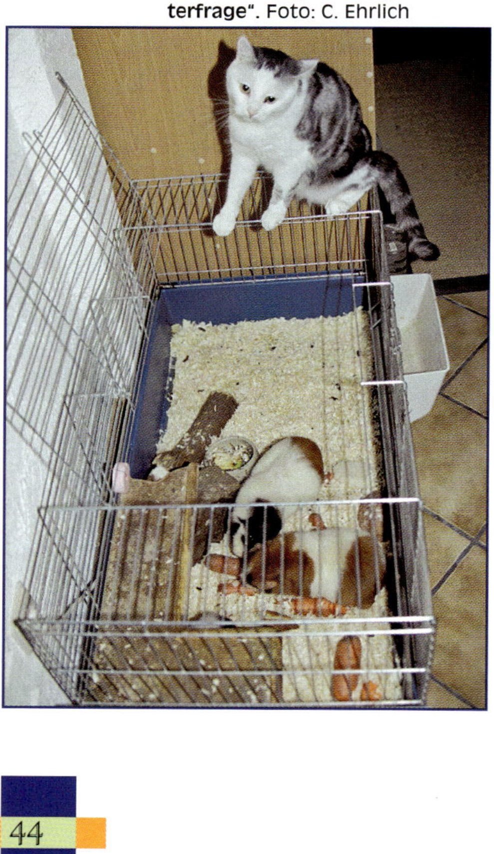

Da Meerschweinchen mit anderen Käfigtieren nicht in Berührung kommen, sind diese in der Regel kein Problem. Bei Vögeln ist aber grundsätzlich zu bedenken, dass Meerschweinchen einen starken Fluchtinstinkt bei flatternden Tieren haben – der Käfig sollte also nicht in unmittelbarer Nähe zum Meerschweinchen-Heim stehen (vor allem, wenn die Vögel laute Geräusche von sich geben). Bei Frettchen und anderen Raubtieren versteht es sich von selbst, dass die Tiere einander weder sehen noch riechen dürfen, denn das würde für Stress auf beiden Seiten sorgen.

Kinder und Meerschweinchen

Meerschweinchen gehören zu den wenigen Kleinsäugern, die auch für Kinder ab einem bestimmten Alter geeignet sind. Im Gegensatz zu vielen anderen Arten sind sie nämlich hauptsächlich tagaktiv. Allerdings ist auch nachts im Käfig ab und zu etwas los, was man bedenken sollte, wenn man den Käfig in das Kinderzimmer stellen will, denn eine – wenn auch geringe – Lärmbelästigung besteht durchaus, z. B. durch die Nutzung der Nippeltränken.

Meerschweinchen werden bei entsprechender Zuwendung sehr schnell zahm, beißen bei richtiger Behandlung nicht, lassen sich gerne streicheln und werden normalerweise sogar fast völlig „stubenrein", d. h. sie melden an, wenn sie zurück in den Käfig müssen, um ihr „Geschäft" zu erledigen. Kinder, die sich sehr intensiv mit ihren Meerschweinchen befassen, können ihnen sogar kleine Kunststückchen beibringen, z. B. „Männchenmachen", „Bewegungslos-auf-dem Rücken-Liegen", „Auf-Kommando-Hinlegen" und vieles mehr. Es sind uns sogar Meerschweinchen bekannt, die bei einem bestimmten Pfeifton auf den Schoß springen oder während des Freilaufs ein Katzenklo benutzen.

Zu Beginn der Haltung ist das Einüben des richtigen Griffs, um die Meerschweinchen hochzuheben und zu tragen, für Kind und Tier sehr wichtig: Die Nager sollten immer mit beiden Händen unter dem Bauch gefasst und hochgehoben werden. Beim Tragen werden sie am besten eng am Körper gehalten und immer mit einer Hand am Hinterteil abgestützt, damit die Meerschweinchen nicht wegspringen oder fallen können. Dies ist besonders wichtig bei jungen Tieren, die ungeheuer schnell und wendig sind. Auf keinen Fall dürfen Meerschweinchen am Nackenfell gepackt werden, wie es bei Kaninchen praktiziert wird; das bereitet dem Meerschweinchen Schmerzen und erschreckt es.

Bei kleinen Kindern (6–10 Jahre) sollten die Eltern immer dabei sein, wenn die Tiere aus dem Käfig genommen werden. Da die Haltung von Tieren grund-

Erste Lektion: das richtige Tragen des neuen Pfleglings
Foto: C. Ehrlich

sätzlich ein hohes Maß an Verantwortung mit sich bringt, sollte ein Kind alt genug sein, um zu verstehen, was an täglichen und wöchentlichen Pflichten anfällt und um diese auch erledigen zu können. Deshalb empfehlen wir Meerschweinchen als Heimtiere für Kinder unter sechs Jahre nicht. Es gibt aber andererseits keinen festen Richtwert, ab welchem Alter ein Kind mit Meerschweinchen verantwortungsvoll umzugehen weiß. Es gibt sehr junge Kinder, die dazu schon sehr gut in der Lage sind, und ältere, bei denen dies nicht der Fall ist. Ab einem Alter von 12–14 Jahren kann man davon ausgehen, dass ein Kind die meisten Aufgaben, die durch die Haltung von Meerschweinchen entstehen, selbstständig erledigen kann. In jedem Fall müssen die Eltern ihr Kind bei der Haltung der Meerschweinchen unterstützen und bei Problemen helfen! Auch eine regelmäßige Kontrolle der Tiere sollte durch die Eltern erfolgen, damit Krankheiten oder Haltungsfehler erkannt werden können. Vor dem Kauf sollten sich die Eltern also darüber im Klaren sein, dass sie evtl. bei der Pflege der Meerschweinchen helfen müssen.

Urlaubspflege

Während des Urlaubs sollten Meerschweinchen durch eine vertrauenswürdige Person versorgt werden. Die Mitnahme der Tiere ist sowohl bei Auto- als auch bei Zug- und Flugreisen keine gute Idee: Der Orts- und Klimawechsel sowie die Reise selbst sorgen für starken Stress bei Meerschweinchen und schwächen das Immunsystem. Daher sollte darauf verzichtet werden, zumal die Bestimmungen des jeweiligen Reiselandes das Einführen der Tiere erschweren können. Am besten ist die Urlaubspflege z. B. durch einen tierlieben Nachbarn im Haus der Halter oder bei einem Bekannten, der auch Meerschweinchen hält. Im letzten Fall sollte der angestammte Käfig unverändert mit den Meerschweinchen für die Zeit des Urlaubs umziehen, damit die Tiere wenigstens ihr angestammtes „Revier" noch haben, wenn sich schon die restliche Umgebung ändert.

Tipp: Urlaubs-Futterplan

Wer auch immer die Pflege der Meerschweinchen während der Urlaubszeit übernimmt, eines ist sehr wichtig: Geben Sie dem Pfleger stets einen genauen Futterplan und die entsprechenden Futtermittel mit, sodass keine plötzliche Nahrungsumstellung nötig ist – dies würde den Magen-Darm-Trakt der Tiere durcheinander bringen und sie schwächen.

Kauft man die Meerschweinchen bei einem verantwortungsvollen Züchter, wird dieser häufig auch eine Urlaubspflege für die Tiere anbieten. In der Regel geschieht dies im eigenen Käfig oder auf Wunsch auch in einem Käfig bzw. einer Box des Züchters. Durchschnittlich kostet die Urlaubspflege inkl. Futter pro Käfig und Tag ca. 1–2 Euro. Beim MFD BD e. V. kann man auch eine Urlaubspflegeliste erstehen, in der Züchter eingetragen sind, die dies übernehmen (s. „Adressen", S. 180). Zudem gibt es immer mehr Kleintier-Urlaubspensionen, die z. T. erstaunlich gut ausgestattet sind. Informationen zu solchen „Kleintier-Hotels" finden sich im Internet.

Rechtliche Fragen

Die Haltung von Meerschweinchen und anderen Kleinsäugern ist in Deutschland an etliche gesetzliche Regelungen geknüpft. Die wichtigsten betreffen die Haltung in Mietwohnungen sowie natürlich den Tierschutz.

Meerschweinchen in der Mietwohnung

Regelmäßig werden die Halter von Kleinsäugern in rechtliche Streitigkeiten verwickelt, weil der Vermieter die Tierhaltung nicht dulden will. In der Regel beruft sich der Hausbesitzer dabei auf eine Klausel im Mietvertrag, nach der die Haltung jeglicher Art von Haustieren nur mit seiner Genehmigung zulässig ist. Im Bereich der Kleintierhaltung können Vermieter aber kein uneingeschränktes Mitspracherecht ausüben, denn schon 1993 entschied der Bundesgerichtshof, dass ein pauschales Verbot (bzw. ein pauschaler Genehmigungsvorbehalt), der sich auf alle Haustiere bezieht, zumindest in einem Formularmietvertrag unzulässig ist. Begründung: Da diese Klausel auch solche Tiere verbiete, von denen keinerlei Störung ausgehe, seien die Interessen des Mieters nicht ausreichend berücksichtigt. Zulässig ist allerdings eine Klausel, nach der die Haltung größerer Tiere einer Genehmigung bedarf. Dies gilt immer, wenn es sich nicht um Kleintiere handelt; als Kleintiere gelten in der Regel „Kleinsäuger", „Ziervögel" und „Fische". Meerschweinchen zählen grundsätzlich zu den genehmigungsfreien Kleintieren.

Die Haltung einer üblichen Zahl an Meerschweinchen ist immer genehmigungsfrei. Foto: C. Ehrlich

Die Zulässigkeit einzelvertraglicher Vereinbarungen (keine Formularmietverträge), die ein umfassendes Tierhaltungsverbot oder einen Genehmigungsvorbehalt vorsehen, ist lange umstritten gewesen, 2007 entschied der Bundesgerichtshof wiederum zugunsten der Kleintierhalter; die Haltung von Meerschweinchen in üblicher Anzahl ist also – vereinfacht gesagt – in jedem Fall erlaubt (Az.: VIII ZR 340/06). Meist sind die Gerichte der Auffassung, dass die Haltung kleiner, nicht störender Heimtiere in einer „üblichen" Zahl genauso wie das Wohnen zum vertragsgemäßen Gebrauch der Mietwohnung zählt. In jedem Fall muss der Mieter

beim Vertragsabschluss auf diese Sondersituation eines totalen Tierhaltungsverbots ausdrücklich hingewiesen werden.
Welche Art Vertrag auch geschlossen wurde, gibt es Situationen, in denen die Haltung von Meerschweinchen verboten werden kann: Wenn beispielsweise ein Mitbewohner Allergien gegen Tierhaare entwickelt, die Mülltonnen ständig voller Kleintierstreu sind oder auf dem Flur Nagergeruch festzustellen ist, kann die Haltung untersagt werden. Daher gilt die Voraussetzung, dass Meerschweinchen nur in einer „üblichen Zahl“ genehmigungsfrei sind. Leider gibt es keine genaue Festlegung, was „üblich“ ist. Eine größere Meerschweinchen-Zucht wird aber sicherlich nicht in diese Kategorie fallen.
In jedem Fall sei dringend empfohlen, grundsätzlich möglichst vor Bezug der Wohnung mit dem Vermieter über das Thema „Meerschweinchen“ zu sprechen, um im Nachhinein keine langwierigen Diskussionen oder sogar einen Rechtsstreit zu haben.

Tierschutz

Wer Meerschweinchen (oder andere Wirbeltiere) hält, unterliegt in Deutschland den Vorschriften des Tierschutzgesetzes (TierschG). Die Neufassung des Tierschutzgesetzes ist mit Wirkung vom 1. Juni 1998 in Kraft getreten. Der Zweck dieses Gesetzes ist es, „aus der Verantwortung des Menschen für das Tier als Mitgeschöpf dessen Leben und Wohlbefinden zu schützen. Niemand darf einem Tier ohne vernünftigen Grund Schmerzen, Leiden oder Schäden zufügen“ (§ 1 TierschG).
Der zweite Abschnitt des Gesetzes beschäftigt sich mit der Tierhaltung im Allgemeinen, darin heißt es u. a.:

„Wer ein Tier hält, betreut oder zu betreuen hat,
1. muss das Tier seiner Art und seinen Bedürfnissen entsprechend angemessen ernähren, pflegen und verhaltensgerecht unterbringen,
2. darf die Möglichkeit des Tieres zu artgemäßer Bewegung nicht so einschränken, dass ihm Schmerzen oder vermeidbare Leiden oder Schäden zugefügt werden,
3. muss über die für eine angemessene Ernährung, Pflege und verhaltensgerechte Unterbringung des Tieres erforderlichen Kenntnisse und Fähigkeiten verfügen.
(§ 2 TierschG)

Auch der achte Abschnitt des Tierschutzgesetzes (der „berühmte“ §11) ist für Tierhalter interessant: Während für die gewerbsmäßige Haltung und Zucht nach diesem Paragraphen nämlich ein Sachkundenachweis gefordert wird, ist dieser für private Hobbyzüchter nicht vorgeschrieben. Trotzdem müssen Meerschweinchen natürlich tiergerecht gepflegt werden, im Falle des Falles kann ein Amtsveterinär auch den Nachweis eines Minimums an Sachkunde verlangen. Wichtige Aspekte für die geforderte verhaltensgerechte Unterbringung sind die Größe und Ausstattung des Käfigs (s. entsprechende Kapitel).

Erwerb

Mit dem Erwerb von Meerschweinchen übernimmt der Käufer die Verantwortung für diese Tiere – das sollte jedem Halter stets bewusst sein. Daher verbieten sich auch so genannte Spontankäufe von Einsteigern in dieses Hobby, denn ein gewisses Maß an Informationen über die Tiere ist schon nötig, um eine tiergerechte Haltung über die gesamte Lebensspanne hinweg zu gewährleisten!
Neben den grundsätzlichen Vorüberlegungen (s. o.) muss sich der Halter entscheiden, welche Meerschweinchen er halten möchte. Beim Kauf selbst gilt es dann, ganz besonders aufmerksam zu sein, damit man auch die „richtigen" Meerschweinchen erwischt und der erste Kauf nicht gleich ein „Problemfall" wird.

Meerschweinchen mit und ohne Rasse

Vor Jahren hatte man als Liebhaber dieser Tierart nur wenig Auswahl: Es gab meist nur Rassen-Mischlinge in den Zooläden. Dass man sein Tier auch bei einem Rassemeerschweinchenzüchter kaufen kann, war damals den meisten völlig unbekannt. Aber inzwischen ist es doch recht verbreitetes Wissen, dass Meerschweinchen – genau wie eine Katze, ein Papagei oder ein Hund – bei einem entsprechenden Züchter ausgesucht werden können und dass es viele verschiedene Rassen gibt, die

Hübsch auch ohne Rasse: „Liebhabermeerschweinchen"
Foto: C. Ehrlich

Immer beliebter werden Rassemeerschweinchen, hier ein Merino. Foto: C. Ehrlich

über Generationen rasserein gezüchtet werden.
Nach wie vor sind natürlich auch die Mischlinge (auch „Liebhabermeerschweinchen“ genannt) sehr beliebt, jedoch steigt die Zahl der Halter von Rassemeerschweinchen ständig weiter. Sogar viele Zoofachgeschäfte beziehen inzwischen ihre Tiere von Hobbyzüchtern und bieten daher regelmäßig auch Rassetiere an.
Es ist also eine Frage des Geschmacks geworden: Der zukünftige Halter kann sich im Vorfeld überlegen, ob sein Meerschweinchen rasserein sein soll oder nicht. Abgesehen vom Aussehen (und dem Preis) gibt es bei der späteren Haltung in der Regel kaum Unterschiede: Rasse- und Liebhabermeerschweinchen verhalten sich gleich, und es gibt auch keine Häufung von Krankheiten bei Rasse- oder Nicht-Rasse-Tieren. Vielmehr sollte der Halter auf die Herkunft seiner Tiere achten, denn sowohl unter den kommerziellen Mischlings-Züchtern als auch unter den Hobbyzüchtern von Rassemeerschweinchen gibt es wohl einige schwarze Schafe, die wenig Wert auf eine vernünftige Auswahl der Zuchttiere im Bezug auf Inzucht (z. B. Zahnfehlstellungen) und ein tiergerechtes Aufwachsen der Jungen (z. B. ohne Sozialverbund) legen. Leider ist diese Kontrolle im Zoofachhandel recht schwierig, fragen Sie aber ruhig trotzdem einmal den Verkäufer, woher die Tiere stammen. Auf jeden Fall sollten Sie Ihre künftigen Schützlinge auf Parasiten, Krankheitsanzeichen etc. genauestens untersuchen (s. u.).

Wie erkenne ich das „richtige“ Meerschweinchen?

Das „richtige“ Meerschweinchen ist natürlich nicht nur eines, dessen Rasse oder Aussehen den Halter ansprechen, sondern vor allem ein gesundes Tier. Zwar kann man niemals komplett ausschließen, dass ein Meerschweinchen trotz eingehender Untersuchung kurz nach dem Kauf krank wird, trotzdem kann man diese Gefahr durch ein paar kleine Untersuchungen drastisch reduzieren. Wenn ein Meerschweinchen trotzdem direkt nach dem Kauf erkrankt oder eine gehäufte Anzahl an Außenparasiten zeigt, so liegt das entweder an der Inkubationszeit einer Krankheit (es vergeht also etwas Zeit zwischen Ansteckung und Ausbruch der Krankheit) oder daran, dass Meerschweinchen manchmal sehr extrem auf Stresssituationen wie z. B. einen Umzug in ein neues Gehege reagieren – und in so einem Fall haben es Krankheitserreger und Parasiten natürlich sehr einfach.

Weitere Anzeichen für Erkrankungen finden Sie im Kapitel „Gesunderhaltung und Krankheiten". Ein krankes Meerschweinchen erkennt man auch generell daran, dass es z. B. in einer Ecke kauert und sich kaum bewegt. Eine gewisse Scheu ist zwar normal, aber sie ist nicht zu verwechseln mit einer durch eine Erkrankung hervorgerufenen Apathie. Das Meerschweinchen sollte sich also so verhalten, wie man es von den Tieren erwartet: aufgeweckt, an Futter interessiert und friedlich mit den anderen Meerschweinchen zusammenlebend.

Leider werden häufig Junge angeboten, die zu früh von der Mutter getrennt wurden. Wenn Ihnen ein Meerschweinjunges zu klein erscheint (deutlich weniger als 300 g), lassen Sie besser die Finger davon! Babys, die zu früh von der Mutter getrennt werden, haben dadurch häufig chronische gesundheitliche Probleme oder konnten noch nicht alles lernen, was sie für ein selbstständiges Leben brauchen. Häufig zeigen solche Tiere z. B. ein anormales Sozialverhalten oder werden nach einiger Zeit aggressiv. Hartnäckig hält sich das Vorurteil, Meerschweinchen würden anhänglicher, wenn man sie besonders jung bekomme – das ist aber keinesfalls so. Man kann sogar noch erwachsene Tiere zähmen – Meerschweinchen sind eben sehr lernfähig. Wenn immer mehr Käufer es ablehnen, zu kleine Babys zu kaufen, werden auch keine mehr angeboten werden. Dazu können auch Sie beitragen!

Zum Schluss dieses Kapitels noch ein kleiner Appell: Kaufen Sie niemals aus Mitleid zu junge oder offensichtlich kranke Meerschweinchen – sie unterstützen damit u. U. die Missstände noch. In solchen Fällen ist es besser, den Verkäufer darauf hinzuweisen und ggf. einen Meerschweinchen- oder Tierschutzverein zu informieren.

Tipp: Vorsicht beim Kauf

Achten Sie beim Kauf vor allem auf folgende Punkte:

- Die Augen eines gesunden Meerschweinchens sind klar und glänzend, dürfen nicht tränen oder verkrustet sein.
- Das Fell fühlt sich sauber an, hat einen natürlichen Glanz und ist ohne kahle oder blutige Stellen, Krusten sowie andere Unregelmäßigkeiten – denn das sind Anzeichen von Ungezieferbefall. Bei stärkerem Befall kann man Haarlinge oder Flöhe auch zwischen den Haaren umherkrabbeln sehen.
- Wenn man das Tier umfasst, soll es sich fest und gut genährt anfühlen. Achten Sie darauf, dass es überall sauber ist und keine Anzeichen von Durchfall bestehen.

Augen auf vor dem Kauf: Ein kleiner Gesundheits-Check kann böse Überraschungen vermeiden. Foto: C. Ehrlich

Händler oder Züchter?

Für den Erwerb bei einem Händler spricht, dass alles Zubehör am gleichen Ort gekauft werden kann und häufig eine große Auswahl an Tieren zur Verfügung steht. Zooläden sind zudem an jedem Ort gut erreichbar, während man einen Züchter erst einmal in Erfahrung bringen muss und vielleicht nicht direkt in der unmittelbaren Nähe findet. Adressen und Angebote von Züchtern, die ja in der Regel auf bestimmte Rassen spezialisiert sind, finden Sie in Fachzeitschriften, z. B. der RODENTIA (s. „Adressen“, S. 180). Wenn man Mischlingsmeerschweinchen halten möchte, kann man solche Exemplare bei einem Händler eher bekommen als beim Züchter, aber auch dort gibt es gelegentlich solche Tiere. Zudem findet man Meerschweinchen in Tierheimen und bei Meerschweinchenschutzvereinen (s. u.).

Der Nachteil am Kauf bei einem Händler ist der erhöhte Stress für die Meerschweinchen. Wie bereits erwähnt, können durch Stress Krankheiten bei den Tieren ausgelöst werden. Da die wenigsten Läden ihre eigenen Meerschweinchen züchten, bedeutet dies mindestens einen – verglichen mit dem Kauf direkt beim Züchter – zusätzlichen Transport. Manchmal ist sogar noch ein Großhändler zwischengeschaltet, dann muss das junge Meerschweinchen drei Mal transportiert werden, bevor es sein Zuhause erreicht. Zudem ist die Haltung im Zoofachhandel natürlich ebenfalls mit gewissem Stress verbunden. Auch wenn sich die Haltungen im Handel in den letzten Jahren deutlich gebessert haben, werden der Kundenverkehr und der Lärm rundherum von vielen Tieren als Gefahr empfunden – Stress ist die Folge. Achten Sie beim Kauf im Zoohandel also stets darauf, ob die Tiere „stressfrei“ sind; typische Kennzeichen für ein gestresstes Meerschweinchen sind stilles Sitzen und starre Augen, die aus dem Kopf herauszuragen scheinen. Wichtig ist zudem, dass ihre potenziellen Hausgenossen dort auch unter tiergerechten Zusammenstellungen gehalten wurden (nicht zusammen mit Kaninchen, sondern in Meerschweinchengruppen), da eine fehlende Sozialisation im Jugendalter zu lebenslangen Verhaltensauffälligkeiten führen kann.

Viele Züchter spezialisieren sich auf bestimmte Rassen und Farben. Foto: C. Ehrlich

Natürlich haben Händler eine gute Ausbildung genossen, aber wenn sie nicht selber züchten, werden sie in der Regel nicht die Erfahrung und das Wissen eines langjährigen Züchters mitbringen. Die Be-

Wer sich ein ganz spezielles Meerschweinchen wünscht, wird es eher bei einem Züchter finden; hier ein weißer Peruaner (r. A.). Foto: C. Ehrlich

ratung beim Züchter kann also deutlich mehr Informationen für den Neuling in diesem Hobby bringen. Dort ist es zudem möglich, schon aus einem Wurf neugeborener Meerschweinchen die gewünschten Heimtiere herauszusuchen und evtl. bis zum Abgabealter ab und an „zu besuchen". Dabei kann der Käufer nebenbei auch noch herausfinden, wie die Tiere bis zum Zeitpunkt der Abgabe gehalten wurden – eine nicht tiergerechte Haltung würde also eher auffallen als im Geschäft. Ein Züchter wird ein Meerschweinchen im richtigen Alter abgeben und nicht etwa zu früh von seiner Mutter trennen (d. h. mit mindestens vier Wochen) sowie darauf achten, dass es ein Mindestgewicht von 300 g hat und gesund ist, wenn es abgegeben wird. Rassemeerschweinchenzüchter mit Vereinsanschluss werden zudem einen korrekten Stammbaum ausstellen, in dem man über mindestens drei Generationen Rassereinheit und Zuchtpraxis (Inzucht?) zurückverfolgen kann. Dazu werden das genaue Geburtsdatum und das Geburtsgewicht der Jungen sowie die Wurfstärke angegeben. Außerdem wird der Züchter die Käufer fachgerecht beraten und ihre vielen Fragen beantworten können, was Fütterung, Haltung etc. angeht. Generell wird er auch nach dem Kauf noch bei Problemen mit den Tieren zur Verfügung stehen. Ein besonderer Pluspunkt ist, dass Züchter oft auch eine Urlaubspflege anbieten.

Weitere, wesentlich seltener genutzte Möglichkeiten für den Erwerb von Meerschweinchen sind das Tierheim sowie Kleintierbörsen. Im Tierheim bzw. speziellen Meerschweinchenpflegestellen gibt es häufig vor allem ausgewachsene Meerschweinchen, die allerdings oft einen positiven „Charakter" haben. Leider sind die Meerschweinchen-Haltungen in den Tierheimen hierzulande sehr unterschiedlich. Von ausgesprochen guten Haltungen in tollen Gehegen bis hin zu katastrophalen Zuständen haben wir schon alles gesehen. Manchmal werden sogar Meerschweinchen und Kaninchen zusammen gehalten. In der Entscheidungsphase sollten Sie den Weg zum nächsten Tierheim auf jeden Fall nicht scheuen – vielleicht sitzen dort ja Ihre „Traummeerschweinchen" und warten auf einen verantwortungsvollen Besitzer. Der große Vorteil bei Tierheimen ist übrigens, dass die Meerschweinchen fast garantiert krankheitsfrei sind, da die Tiere dort regelmäßig von einem Veterinär durchgecheckt werden.

Tipp: Ausstellungen

Auf manchen Meerschweinchen-Ausstellungen können ebenfalls Tiere (in der Regel ausschließlich Rassemeerschweinchen) erworben werden. Termine für solche Veranstaltungen finden Sie z. B. in der RODENTIA oder Sie bekommen Informationen bei den ausrichtenden Vereinen (s. „Adressen" am Ende des Buches).

Bei Kleintierbörsen gibt es ebenfalls große Unterschiede, in den letzten Jahren entstanden aber auch einige ganz gute Veranstaltungen, auf denen – neben anderen Tieren – auch Meerschweinchen angeboten werden. Der Vorteil solcher Veranstaltungen ist die große Angebotsvielfalt, der Nachteil ist aber ein ähnlicher Stress wie im Zoofachhandel, zudem kann man die Haltungsbedingungen nicht einsehen. Auf Börsen bieten in der Regel Händler und Züchter ihre Tiere an.

Eingewöhnung

Wenn neue Meerschweinchen ins Haus kommen, lassen Sie Ihren neuen Hausgenossen erst einmal ein paar Stunden, um in Ruhe die ungewohnte Umgebung zu erkunden und sich an die neuen Gegebenheiten, Geräusche und Gerüche zu gewöhnen. Nach ein paar Stunden kann man eine Leckerei in den Käfig geben, das fördert mit Sicherheit die Bereitschaft der Neulinge, sich aus den Verstecken hervorzuwagen. Ansonsten sollten die Tiere am ersten Tag sich selbst überlassen bleiben – sie haben genug damit zu tun, sich gegenseitig und ihren neuen Käfig kennen zu lernen. Dies gilt natürlich insbesondere, wenn zwei einander fremde Tiere neu zusammengesetzt wurden. Zudem ist es sinnvoll, leise und beruhigend auf die Meerschweinchen einzureden.

Auch in den folgenden Tagen ist es wichtig, immer viel mit den Tieren zu reden, vor allem, wenn man sich dem Käfig nähert. Auch wenn Sie sich dabei etwas blöd vorkommen sollten, Meerschweinchen reagieren sehr auf Stimme und gewöhnen sich auf diese Weise recht gut an ihren neuen Halter. Nun können Sie ab und an auch schon einmal Hand und Arm in das Gehege legen, sodass die Tiere daran schnuppern können; manchmal versuchen sie recht schnell, die Hand des Pflegers zu erklettern. Dies kann man auch fördern, indem man besondere Leckerchen auf der Hand anbietet.

Wenn diese „Lektion" ohne Scheu absolviert wurde, können Sie versuchen, die Tiere das erste Mal auf den Arm zu nehmen. Dazu wird das Meerschweinchen – möglichst, ohne sich von oben über das Tier zu beugen – mit beiden Händen erhoben, wobei die Hände stets unter den Bauch des Nagers gelegt werden. Sollten die Meerschweinchen davonlaufen, sobald Sie sich nähern, jagen Sie die Tiere nicht – dies würde die zarte Bande des Vertrauens zerstören. Auf dem Arm angekommen werden Meerschweinchen eng am Körper anliegend getragen und dabei fest – aber nicht zu fest – unter dem Bauch bzw. zwischen den Vorderbeinen gehalten. Auch hier ist es sinnvoll, beruhigend auf das Tier einzureden, es zu streicheln oder zu versuchen, es mit einer besonderen Leckerei zu füttern.

Wenn Sie das ein paar Tage lang durchhalten, sind Ihre neuen „Familienmitglieder" meist schon so gut wie zahm, vor allem, wenn sie diese Behandlung schon gewöhnt waren. In kürzester Zeit werden sie am Käfig Spalier stehen und nach Futter betteln, wenn Sie den Raum betreten oder die Tiere ein Rascheln oder Ähnliches hören.

Um es noch einmal deutlich zu sagen: Auf die ersten Tage kommt es ganz besonders an! Nehmen Sie sich Zeit für diesen Beginn Ihres gemeinsamen Lebens mit den Tieren und reagieren Sie niemals verärgert oder hektisch, wenn es nicht so schnell geht, wie Sie es sich vorgestellt haben oder wünschen. Zudem muss man darauf hinweisen, dass es natürlich auch bei Meerschweinchen individuelle „Charaktere" gibt: Manche Tiere gewöhnen sich also recht bald an behutsame Kontakte zum Halter, andere brauchen dafür etwas länger.

Häufig sind die neuen Pfleglinge anfangs ängstlich.
Foto: C. Ehrlich

Haltung

Lange Zeit galt die Haltung von Meerschweinchen als einfach. Alte Bücher zeigen, wie Meerschweinchen noch vor 20 oder 30 Jahren gehalten wurden: Käfige von 60 x 30 cm werden dort vorgeschlagen, von der Einzelhaltung oder der Vergesellschaftung mit Kaninchen ist die Rede. Das ist natürlich alles nicht tiergerecht, und man weiß heute deutlich besser, was Meerschweinchen wirklich brauchen, um ein „glückliches“ Leben zu führen.

Tipp: Einrichtung des Meerschweinchen-Geheges

Orientieren Sie sich bei der Wahl und Gestaltung des Meerschweinchen-Geheges weniger an Ihren eigenen Vorstellungen, sondern stellen Sie die Bedürfnisse der Tiere immer ganz oben an, auch wenn Menschen die „Wünsche“ von Meerschweinchen manchmal nicht so recht nachvollziehen können.

Trotz der langen Haustier-Geschichte dieser Nager kommen fast jedes Jahr neue Erkenntnisse zum Verhalten und zur Biologie der Meerschweinchen zu Tage, weil Wissenschaftler sich dieser Fragestellungen angenommen haben. Manchmal sind solche Ergebnisse von großer Bedeutung für die Haltung, leider dauert ihre Umsetzung bei den Haltern trotzdem meistens recht lange, ein Beispiel dafür ist die immer noch praktizierte Zusammenhaltung von Meerschweinchen und Kaninchen.

Ein anderes Beispiel für solche Nachrichten aus der Wissenschaft war die Vermutung, Osteodystrophie (eine Knochenkrankheit) könne genetisch mit dem Satin-Gen ver-

Positive Entwicklung: Immer mehr Halter achten auf tiergerechte Unterbringung.
Foto: C. Ehrlich

bunden sein. Dies führte zu heftigen Diskussionen um die Weiterzucht der beliebten Satin-Meerschweinchen und gleichzeitig über die Verantwortung der Züchter im Bezug auf den Tierschutz – plötzlich war der bei Katzen und Hundehaltern so bekannte Begriff „Qualzucht" auch bei Meerschweinchenzüchtern in aller Munde – wobei ein endgültiges Ergebnis in diesem Fall immer noch aussteht. Dies zeigt, dass man auch im Bezug auf die Haltung von Meerschweinchen immer auf dem Laufenden bleiben sollte!

Wer Meerschweinchen pflegt, hat den großen Vorteil, dass der Fachhandel für seine Heimtiere allerlei Zubehör ständig bereithält. Doch ist längst nicht alles Angebotene auch wirklich gut für die Haltung von Meerschweinchen geeignet. Daher sollten Sie sich nach Möglichkeit vor der Anschaffung bei erfahrenen Haltern verschiedene Haltungsvarianten anschauen und abwägen, was für Sie und Ihre Tiere das Richtige ist. Wir möchten Ihnen in diesem Kapitel einige Möglichkeiten vorstellen und zudem Zubehör aufführen, das Meerschweinchen für ihr Wohlbefinden benötigen.

Standort des Geheges

Zu bedenken ist zunächst der Standplatz des Käfigs. Meerschweinchen haben eine Wohlfühltemperatur von 18–22 °C und am liebsten eine Luftfeuchtigkeit von nur ca. 45–60 %. Geeignet sind also leicht geheizte Wohnräume, während das Badezimmer und die Küche (natürlich auch aus hygienischen Gründen!) nicht in Frage kommen, denn dort ist die Luft häufig sehr feucht. Zudem muss der Standort zwar frische Luftzufuhr garantieren, aber zugfrei sein, denn darauf reagieren Meerschweinchen ganz empfindlich. Ein Platz in direkter Umgebung eines Fensters oder einer Tür ist also ebenfalls nicht geeignet. Zudem sollte der Halter darauf achten, dass das Gehege seiner Meerschweinchen zu keiner Jahreszeit komplett mit Sonne geflutet wird, denn wenn die Tiere nicht in den kühlenden Schatten ausweichen können, drohen Überhitzungen! Trotzdem ist ein heller Standort für das Gehege sehr gut geeignet, denn Meerschweinchen sind ja vor allem tags aktiv und benötigen Licht zu ihrem Wohlbefinden.

Vorteilhaft ist es, das Gehege möglichst in Bauch- oder Brusthöhe aufzustellen, denn Meerschweinchen sind Fluchttiere und erschrecken bei allem, was von oben kommt, teilweise sehr heftig – bis hin zur Schreckstarre. Daher ist eine erhöhte Aufstellung (zumindest auf einem kleinen Podest) sehr wünschenswert. Zwar gewöhnen sich viele Meerschweinchen auch an einen niedrigeren Käfigstandort, allerdings werden die Tiere meist zahmer, wenn ihr Käfig etwas erhöht aufgestellt wird. Der Käfig sollte jedoch andererseits niemals so hoch aufgestellt werden, dass der Halter Schwierigkeiten bei der Reinigung bekommt oder die Käfigbewohner erst im allerletzten Moment

Ruhiger Standort, kleines Podest, guter Blick – so mögen es Meerschweinchen. Foto: C. Ehrlich

einen sich nähernden Menschen über die Bodenschale hinwegsehen können – denn auch dann erschrecken sie.

Natürlich sind Meerschweinchen sehr neugierig und sollten am Familienleben im Wohn- oder Kinderzimmer teilnehmen können, aber allzu großen Lärm, Rauch und ständige Störungen mögen sie nicht, daher ist ein Käfigstandort in einem Zimmer, in dem geraucht oder laut Musik gehört wird, nicht geeignet. Zusätzlich verbieten sich alle Standorte mit „hohem Besucherverkehr", also z. B. Flure. Ständig vor dem Gehege auf und ab gehende Menschen stören die Tiere, sie brauchen eben auch einmal ihre Ruhe.

Meerschweinchenkäfige

Ein handelsüblicher, nach oben geschlossener Gitterkäfig empfiehlt sich vor allem, wenn noch andere Heimtiere oder sehr kleine Kinder im Haushalt leben, um die Meerschweinchen zu schützen. Es gibt im Handel Käfige in allen Größen, Farben, Ausführungen und von jeglicher Preisklasse. Ein weiterer Vorteil solcher Industriekäfige ist das einfache Anbringen der Wasserflasche. Allerdings sind die Käfigstäbe meist beschichtet, bei billigen Käfigen wird dazu Lack oder sogar Kunststoff benutzt; Meerschweinchen knabbern diese Beschichtung häufig ab, wodurch der Käfig auf Dauer an diesen Stellen rostet, abgesehen davon, dass es unter Umständen sogar zu Vergiftungen oder zumindest Verdauungsproblemen kommen kann.

Durch Befestigen von Holzböden mit Lauframpe oder zum Aufspringen kann die Grundfläche eines Käfigs erheblich vergrößert werden. Zudem nutzen viele Meerschweinchen die erhöhten Etagen, um die Umgebung des Käfigs besser beobachten zu können. Die Plastikwanne, die als Basis des Käfigs dient, sollte mindestens 10 cm hoch sein, da sonst die Verschmutzung durch herausfallende Streu sehr hoch ist.

Leider hat die Industrie nur teilweise auf die neuen Erkenntnisse der Meerschweinchenhaltung reagiert. Noch immer kann man völlig ungeeignete Käfige mit einer Grundfläche von 60 x 30 cm (!) erwerben, während es teilweise sehr schwierig ist, einen erschwinglichen Käfig mit tiergerechtem Platzangebot (ab 100 x 60 cm bzw. 120 x 50 cm) zu bekommen. Allerdings hat sich in diesem Bereich viel getan: Inzwischen bieten Fachhändler sogar 1 x 1 m große Meerschweinchen-Käfige an, dies allerdings zu sehr hohen Preisen. Wir empfehlen daher, einfach zwei handelsübliche Käfige (100 x 50 cm) mit einer Rampe durch die Türöffnungen zu verbinden – so haben die Meerschweinchen eine doppelte Lauffläche und man kann die Käfige im Falle des Falles auch wieder trennen, z. B. wenn sich zwei Tiere nicht vertragen oder eines bei Krankheit abgetrennt werden muss.

Tipp: Einstreu-Schutz

Das häufigste Problem für Halter ist bei handelsüblichen Fertigkäfigen die Verschmutzung der Umgebung des Käfigs mit Einstreu. Gerade jüngere Meerschweinchen werfen häufig viel Einstreu beim Laufen oder Pfotenaufsetzen auf den Rand des Käfigs aus dem Gehege. Dies kann größtenteils verhindert werden: Stecken Sie einfach 10 cm breite Plexiglas-Streifen an den Käfigrändern zwischen Metallgitter und Bodenwanne (bei einigen Modellen muss man die Streifen mit Tesafilm befestigen, da sie nicht von alleine halten). Plexiglas („Bastlerglas") kann man in Baumärkten erwerben und sich z. T. auch direkt zuschneiden lassen. Durch das Plexiglas haben Mensch und Tier noch eine gute Sicht, die Einstreu kann aber nicht mehr aus dem Gehege fallen.

Im Handel sind inzwischen auch ausreichend große Käfige erhältlich. Foto: C. Ehrlich

Wichtig bei der Auswahl des Käfigs ist es, ein Modell zu wählen, das eine Fronttür besitzt. Zwar benötigt man zur Reinigung eine große Öffnung im Deckel, doch ist für die Kontaktaufnahme mit den Tieren eine Tür an der Vorderseite sehr wichtig, denn Meerschweinchen schätzen es nicht, wenn der Pfleger ständig wie ein Raubvogel von oben nach ihnen greift.

Meerschweinchenboxen

Diese Gehege werden vor allen von Haltern bevorzugt, die mehr als zwei oder drei Tiere besitzen und somit mehrere Käfige aufstellen müssten. Ganz besonders beliebt ist diese Bauweise bei Züchtern, da sie die Fütterung und Säuberung erheblich erleichtert und zudem Platz spart. Es gibt verschiedene Möglichkeiten, Boxen zu bauen – die meisten Halter konstruieren sie selbst.
Meerschweinchenboxen ähneln meist einem offenen Schrank entweder aus Holz (bzw. beschichteten Spanplatten), Metall o. Ä., der in verschieden große Abteilungen (Boxen) aufgeteilt ist. Die Höhe dieser „Fächer" muss mindestens 40 cm betragen. Zusätzlich können noch in alle Zwischenwände verschließbare Durchgänge eingebaut werden, sodass die Lauffläche variabel gestaltet und den Bedürfnissen der Tiere (vor allem der Gruppengröße) angepasst werden kann – man kann schließlich alle Boxen im Bedarfsfall vergrößern oder verkleinern.

Mit ein paar Ideen und einfachen Mitteln wird ein Meerschweinchenheim zum echten Blickfang für die Wohnung. Foto: M. Seyfert

Boxenhaltung ist vor allem bei Züchtern beliebt. Foto: C. Ehrlich

Für die Frontverkleidung der Boxen ergeben sich auch mehrere Möglichkeiten: Manche Züchter nutzen feste Gittertüren, während viele andere ca. 20-25 cm hohe, in entsprechenden Metallschienen oder aus Holz gefertigten Laufschienen eingeschobene Scheiben bevorzugen. Diese Scheiben aus Glas oder Plexiglas (verkratzt schnell) sind lediglich so hoch, dass die Tiere nicht herüberklettern (darüber ist die Front der Box nämlich offen) und haben entscheidende Vorteile: Die Boxen sind heller und die Tiere grundsätzlich zahmer, da sie ständig einen direkten Kontakt zum Halter sowie gitterfreie Sicht haben. Hier muss man zudem zur Fütterung nicht ständig eine große Drahttür öffnen und schließen.

Uns ist noch nie ein Tier bei dieser Art der Haltung aus einer Box herausgefallen, auch nicht aus der „obersten Etage" – Meerschweinchen haben eben eine sehr große Höhenangst und steigen nicht über die Scheibe. Probleme kann es ausschließlich bei sich streitenden oder einander jagenden Tieren geben, weswegen die Vergesellschaftung zweier unbekannter Tiere (hier kann es zu Balgereien kommen) sowie unruhige Gruppen nicht unter diesen Bedingungen gepflegt werden sollten, da die Tiere in diesen Ausnahmesituationen z. B. in Panik doch stürzen könnten. Meine Tiere (Sigrid Tooson) sind übrigens so an diese Haltungsform gewöhnt, dass ich sogar längere Zeit die Plexiglasscheibe herausnehmen kann, ohne dass die Nager versuchen würden, herauszuspringen. Ein weiterer

Tipp: Kotwannen

Wenn man bei der Größe der Grundfläche der Boxen die Größen der üblichen Plastikkotwannen zum Einschieben berücksichtigt, wird das Saubermachen noch einfacher, und es ist hygienischer. Solche Kotwannen aus Kunststoff oder Blech sind im Kaninchenzüchterbedarf erhältlich.

Vorteil: Die Tiere können kaum Zug bekommen, da sie durch die Scheiben und die dreiseitig geschlossene Boxenbauweise sehr geschützt sind.
Viele Züchter schwören auf diese Haltungsweise. Sie ist aber für eine Außenhaltung völlig ungeeignet, weil andere Tiere (Wildmäuse, Marder) in die Boxen gelangen können. Sie hat zudem noch andere Nachteile: Auf der einen Seite sitzen die Tiere zwar nicht im Zug, auf der anderen Seite muss man – je nach den Verhältnissen im Haltungsraum – für eine gute Belüftung sorgen (z. B. Schlitze in Rückwand und Seitenwänden). Dies gilt vor allem, wenn die Boxen in Räumen stehen, die im Sommer sehr warm werden. Ein anderer Nachteil ist, dass man die üblichen Wasserflaschen, die mit Drähten am Gitter angebracht werden, nicht benutzen kann. Man muss also Flaschen innerhalb der Boxen anschrauben oder aufstellen bzw. durch ein Loch (z. B. in der Seitenwand) ins Gehege führen.
Alternativ zu den halbhohen Scheiben werden manchmal auch Schiebescheiben eingesetzt. Diese können in so genannten E- oder Doppel-U-Profilen (aus Kunststoff oder Aluminium) wie Terrarienscheiben auf und zu geschoben werden. Allerdings muss bei dieser Art der Frontgestaltung in jedem Fall für eine zusätzliche Lüftung der Boxen gesorgt werden (z. B. durch Gitterelemente in den Seiten oder in der Front), um Staunässe zu verhindern. Eine weitere Möglichkeit ist der Einsatz klassischer Gittertüren, wie man sie aus der Kaninchenzucht kennt.

Bodenhaltung

In großen Bodengehegen kann man das Gruppenverhalten der Meerschweinchen am besten beobachten, und viele ziehen daher diese Haltung allen anderen vor. Sie eignet sich selbstverständlich nur, wenn im Haushalt keine Raubtiere wie Hunde und Katzen gehalten werden. Auch wenn kleine Kinder in der Wohnung leben, sollte man lieber ein geschlossenes Gehege wählen, um den Tieren mehr Schutz zu bieten.
Bodengehege bestehen meist aus Holzplatten und sind nach oben offen. Die blickdichten Seiten kommen dem Schutzbedürfnis der Tiere sehr entgegen. Wenn an der Vorderseite allerdings keine Glas- oder Plexiglasscheibe (zerkratzt leicht) eingelassen ist, fehlt den Meerschweinchen der Überblick über den restlichen Raum, sodass sie erschrecken können, wenn jemand an das Bodengehege herantritt. Der wichtigste Vorteil: Selbst gebaute Bodengehege können den Bedürfnissen von Mensch und Tier (Lauffläche, Form, Farbe) sehr gut angepasst werden und erlauben es, mit recht geringem finanziellen Aufwand Gehege mit riesiger Fläche entstehen zu lassen.
Baulich gibt es wahrlich nichts Einfacheres: Aus beschichteten Spanplatten oder Echtholzbrettern fertigt man einen entsprechend großen, ca. 40 cm hohen Rahmen.

Ideal für größere Gruppen: Bodengehege Fotos: C. Ehrlich

Alternativ können die Platten auch nur 20 cm hoch sein, und Sie bringen zusätzlich 20 cm Gitter (z. B. aus Estrichmatten oder Volierendraht; Baumarkt) an – dies ermöglicht den Tieren einen besseren Aus- und Überblick.

Bei Außenhaltung oder kalten Räumen sollte man den Boden des Geheges isolieren, sonst genügt ein Stück PVC oder Teichfolie, das man gut sauber halten kann. So ein Bodengehege ist sehr viel abwechslungsreicher zu gestalten als ein Käfig oder eine Box. Mit Ästen, Wurzeln, Höhlen, Brücken, hohlen Baumstämmen, zusätzlichen Etagen usw. kann man eine richtige Landschaft gestalten. Zudem lassen sich – bei entsprechender Fläche – auch sehr große Gruppen aus bis zu 20 Tieren leicht halten. Nachteilig ist allerdings, dass man sehr viel Zimmerfläche „verbraucht“, da man ja – anders als bei Boxen – nicht in die Höhe bauen kann.

Bei dieser Art der Haltung ist festzustellen, dass sich die Meerschweinchen einen bestimmten geschützten Platz aussuchen, zu dem sie immer zurückkehren und wo sie auch – wenn gezüchtet wird – ihre Jungen bekommen und großziehen. Die Mütter mit etwa gleichzeitig geborenen Jungen teilen sich hierbei die Aufzucht.

Wie alle anderen Haltungsformen haben auch die Bodengehege leider nicht nur Vorteile. Bei der Pflege vieler Tiere in dem weitläufigen Gehege hat man die einzelnen Nager nicht so im Auge und entdeckt eventuell eine Krankheit oder ein Problem später als bei kleineren Gruppen. Wenn ein Tier eine Behandlung über längere Zeit benötigt, sollte es zudem aus der Gruppe genommen werden, weil man sonst jeden

Tag in dem Gehege herumkriechen muss, um es zu fangen, was für die gesamte Gruppe regelmäßigen Stress bedeutet. Bei mehreren kranken Tieren kann das dann wirklich zum Problem werden. Auch das Saubermachen ist etwas aufwändiger. Entweder müssen alle Tiere herausgefangen werden, oder man reinigt das Gehege abschnittweise. Und da es sich, wie der Name schon sagt, auf dem Boden befindet, geht das bei sehr großen Gehegen ganz schön auf den Rücken …

Meerschweinchen im Garten

Eine artgerechte Haltung von Meerschweinchen ist natürlich auch im Garten möglich – saisonal in der warmen Jahreszeit oder unter bestimmten Voraussetzungen auch ganzjährig. Die Freilandhaltung hat viele Vorteile: Die Tiere sind – wenn sie einmal an das Leben im Freien gewöhnt sind und einen trockenen, zugfreien und warmen Unterschlupf besitzen – sehr widerstandsfähig gegenüber Krankheiten, können die Sonne und die frische Luft genießen und leben „wie die Made im Speck", wenn sie eine Wiese zum Grasen haben. Ebenfalls draußen, aber deutlich geschützter, ist die Haltung auf dem Balkon (s. u.).

Paradiesische Zustände: Natürlich gestaltetes Gartengehege mit Wiese zum Grasen
Foto: C. Ehrlich

Essenziell ist ein geschützter, trockener Stall. Foto: C. Ehrlich

Will man seinen Hausgenossen nur ab und zu einen Auslauf im Garten gönnen, gibt es die Möglichkeit, sie in Freilaufgehege zu setzen, die man im Fachhandel kaufen oder selbst bauen kann. Wichtig ist hier vor allem, dass ein Teil des Geheges vor Sonne und Regen Schutz bietet. Meerschweinchen haben nur an den Füßen Schweißdrüsen, können ihren Körper ansonsten nicht kühlen und vertragen Hitze daher überhaupt nicht. Wenige Minuten in großer Hitze (über ca. 32 °C) können also bereits zu einem Hitzeschock führen, den sie nicht überstehen. Bei extremer Hitze oder Kälte sollte man die Tiere daher am besten drinnen lassen, wenn man ihnen keinen geeigneten Schutz im Garten bieten kann. Ganz wichtig ist es, das Gehege auf eine gerade Fläche zu stellen, sonst kann es passieren, dass abends keine Meerschweinchen mehr da sind – es ist ein Leichtes für sie, kleine Unebenheiten auszunutzen und durch Lücken zwischen Umzäunung und Boden zu verschwinden. Nach oben sollte das Gehege mit Draht oder Ähnlichem gesichert sein, und am besten ist es natürlich, wenn der Halter als Beobachter in der Nähe ist.

Manche Meerschweinchenfreunde möchten ihren Lieblingen gerne einen ständigen Aufenthalt im Freien bieten, zäunen einen Teil des Gartens ein und gestalten ihn nach den Bedürfnissen der Meerschweinchen – also ohne giftige Pflanzen oder Stellen, an denen die Tiere stürzen oder sich einklemmen können. Es können Tunnel und Höhlen gebaut oder gegraben werden, um einen schnellen und problemlosen Rückzug für den Fall einer auftretenden Gefahr zu gewährleisten, viele Meerschweinchen lieben zudem kleine Hügel zum Ausschauhalten und natürlich Verstecke aller Art, z. B. unter ausgehöhlten Baumstämmen oder niedrig hängenden Ästen.

Um den Tieren Schutz zu bieten, sollte auch für den Fall der Fälle eine Absicherung nach oben erfolgen, also eventuell eine Abdeckung aus dünnem Draht, damit keine Greifvögel und andere Raubtiere Zugang zum Gehege haben. Schwierig ist es, solch ein Gehege wirklich vor Raubtieren wie z. B. Mardern oder Füchsen dauerhaft zu sichern. Während manche Halter lediglich einige Drähte kreuz und quer über dem Gehege spannten, um den Einflug von Raubvögeln zu verhindern, und mit dieser Methode sehr gute Erfahrungen machten, brachen bei anderen bereits nach kurzer Zeit Marder oder Hermeline in das mit dickem Maschendraht abgedichtete Gehege und töteten alle Bewohner. Es hängt offensichtlich davon ab, welche Raubtiere es in der entsprechenden Region gibt – wenn sie das Vorhandensein von Mardern, Füch-

Gartenlandschaft für Meerschweinchen mit kleinen Hügeln, Tunneln und vielen Verstecken. Isolierte Gartenhäuschen eignen sich gut als trockene Rückzugsmöglichkeit. Fotos: C. Ehrlich

sen oder gar Waschbären nicht ausschließen können, sollten Sie das Gehege sehr gut mit im Boden (am besten in einem Fundament) verankertem Volierendraht absichern! Ein über ein Rohr angeschlossener Stall bietet zwar einen geschützten Rückzugspunkt für die Tiere, Marder oder Wanderratten (Krankheitsüberträger!) können dort aber trotzdem eindringen.

Meerschweinchen fressen in der Regel innerhalb kürzester Zeit alles Grün in einem Außengehege bis auf den Boden ab. Es bietet sich daher an, zwei Außenanlagen zum Wechseln einzurichten, damit das Gras und die sonstigen Pflanzen eine Ruhezeit bekommen oder man frisch einsäen und bepflanzen kann. Ein Irrtum wäre es, anzunehmen, man müsse zusätzlich nicht mehr füttern – je nachdem, wie viele Tiere sich in der Anlage aufhalten, muss man auf jeden Fall Grünes zufüttern, um einen noch schnelleren Kahlfraß zu vermeiden. Ein Überbesatz (mehr als ca. zwei Meerschweinchen pro 8 m^2) kann zudem dazu führen, dass auch im Außengehege regelmäßig eine Reinigung stattfinden muss – diese kann sich der Halter bei entsprechender Bepflanzung und Nutzung des Geheges ansonsten sparen.

Außenanlagen können sehr schön mit Baumstämmen, Sträuchern, ungiftigen Pflanzen, großen, stabil aufgestellten Steinen, Höhlen und Tunneln gestaltet werden. Mit viel Liebe und Fantasie entsteht so ein wahres Paradies! Aber gerade diese Haltung bedarf der meisten Überlegung und aufwändigsten Planung, denn trotz aller positiven Aspekte ist eine völlige Außenhaltung nicht problemlos. In unseren Breitengraden ist es zwar normalerweise nicht extrem kalt, aber wir haben ein sehr feuchtes Klima. Meerschweinchen sind – wie schon erwähnt – sehr zug- und hitzeempfindlich. Dazu kommt, dass sie im Ursprungsgebiet auf ein zwar strenges, aber trockenes Klima eingestellt sind. Ein ständiger Aufenthalt im Feuchten kann erhebliche

Gesundheitsprobleme verursachen. Umso wichtiger ist es, einen isolierten Stall anzubieten, den die Tiere zum Aufwärmen aufsuchen können. Und auch nicht zu vergessen ist zudem der Aspekt, dass eine innige Beziehung zwischen Tier und Halter bei dieser Art der Haltung kaum möglich ist.

Eine andere Möglichkeit der permanenten Außenhaltung ist die Unterbringung in einer isolierten Gartenhütte oder in auf dem Balkon aufgestellten, gut isolierten und nur nach vorne offenen Ställen, die man bei extremer Kälte auch vorne – zumindest teilweise – abdecken kann. Bei dieser Haltungsmethode kann es allerdings ebenfalls bei feuchtem Wetter zu Problemen kommen, weshalb ein Ausweichquartier z. B. in einem kühleren Raum der Wohnung bereitstehen sollte. Auf dem gesicherten Balkon hat der Halter den Vorteil, dass die Tiere den restlichen Balkon an warmen Tagen unter Aufsicht ebenfalls (z. B. über eine Rampe am Gehege) nutzen können. Auch bei dieser Art der Haltung ist natürlich auf Rückzugsmöglichkeiten sowie Schutz vor Hitze, Kälte, Wind und Feuchtigkeit zu achten.

Eine gern und häufig genutzte Möglichkeit ist die Außenhaltung im Sommer und Innenhaltung im Winter – diese ist bei entsprechenden sanften Übergangsphasen in der Regel problemlos, eine ständige Außenhaltung dagegen setzt eine gute Planung der Gehege und hervorragende Tierkenntnis voraus – sie ist für Einsteiger in das Hobby daher nur bedingt geeignet.

Alternative Meerschweinchenhaltungen

Bei der Meerschweinchenhaltung sind der Fantasie absolut keine Grenzen gesetzt, da sie im Gegensatz zu anderen Nagern nicht übermäßig klettern, springen oder sich durch alles hindurchnagen. Ein glatter Rand von 50 cm Höhe reicht meist aus, um die Tiere in ihrem Gehege zu halten. Von kleineren, einfachen Gehegen aus beschichteten Spanplatten und Glas, die der Einrichtung der restlichen Wohnung in Farbe und Stil angepasst wurden, über fantasievoll gebaute regelrechte Meerschweinchenburgen mit mehreren Stockwerken und vielen Lauframpen bis hin zum großen Meerschweinchendorf mit „Kirche" und „Bauernhof" im eigenen Garten ist alles möglich.

Mit etwas Fantasie lassen sich individuell zugeschnittene Gehege realisieren. Foto: B. Behle-Langenbach

Wichtig ist bei all den schönen Ideen und der hübschen Gestaltung, dass auch die praktische Seite nicht vernachlässigt wird, denn eine einigermaßen einfache Reinigung muss gewährleistet sein, und es muss zudem möglich sein, die Anlage gelegentlich zu desinfizieren. Zudem hat der Halter darauf zu achten, dass in solchen Gehegen keine Gefahren für die Tiere eingebaut werden: Zu kleine Fenster, in denen die Tiere stecken bleiben, oder ungesicherte Rampen, von denen sie fallen könnten, sind nur zwei Beispiele.
Häufig werden in solchen Gehegen größere Gruppen gehalten. Für den Notfall sollten dann grundsätzlich normale Käfige bereitstehen, um kranke Tiere von der großen Gruppe isolieren zu können.
Anregungen für selbst gebaute Gehege aller Art findet man entweder bei anderen Haltern oder in Fachzeitschriften wie der RODENTIA sowie auf Anfrage bei den verschiedenen Meerschweinchen-Vereinen (s. „Adressen“ am Ende des Buches).

Ausstattung

Die Ausstattung eines jeden Meerschweinchengeheges – sei es ein Käfig oder ein Außengehege – ist prinzipiell stets gleich. Grundlage ist im wahrsten Sinne des Wortes eine gute Einstreu. Hier hat sich die handelsübliche Kleintierstreu aus Hobelspänen sehr bewährt, sie kann zudem mit etwas Stroh gemischt werden; Stroh alleine ist jedoch nicht geeignet. Bei der Wahl des Kleintierstreu ist es besonders wichtig, darauf zu achten, dass die Späne frei von Verunreinigungen wie Spanplattenresten, Nägeln, Harz o.Ä. sind und zudem einen möglichst geringen Staubanteil haben. Manche Hersteller werben mit dem Begriff „staubfrei“ – völlig ohne Staub

Versteckmöglichkeiten gehören in jedes Gehege. Foto: C. Ehrlich

Handelsübliche Hobelspäne werden am häufigsten als Einstreu genutzt. Foto: C. Ehrlich

gibt es Hobelspäne aber wohl kaum. Je weniger Staub die Streu beinhaltet, desto geringer ist das Risiko, dass die Meerschweinchen allergisch darauf reagieren. Testen Sie also verschiedene Streusorten und finden Sie die für Ihre Tiere am besten geeignete heraus. Als Alternativen zu den Streuarten aus Holzspänen werden Hanfeinstreu (manche Meerschweinchen mit Allergien haben hiermit weniger Probleme) sowie diverse pelletierte Sorten angeboten, wobei Letztere allerdings aufgrund ihrer Scharfkantigkeit und der Partikelgröße nicht für Meerschweinchen geeignet sind, obwohl sie eine gute Saugwirkung haben. Einstreupellets – z. B. aus gehäckseltem Stroh – taugen lediglich für Urinecken.

Nun aber zu den interessanteren Einrichtungsgegenständen: Es empfehlen sich offene Verstecke, Häuschen mit nur einer „Tür" sind weniger gut geeignet. Der Grund: In einem solchen Versteck fehlt ein zweiter Fluchtweg – ein darin befindliches Meerschweinchen kann nicht fliehen, wenn ein anderes in der Tür steht und es beispielsweise angreift; Stress ist durch solche Verstecke also vorprogrammiert. Sehr gut eignen sich daher mittelgroße, auf die Seite gelegte Keramikblumenkästen, Holzhäuschen, die zumindest vorne, besser noch zu zwei oder gar drei Seiten komplett offen sind (dann also eher in Tischform, s. u.) oder auch Brücken (z. B. biegsame Weidenbrücken). Immer wieder fällt

Tipp: Ein „Tisch" als Versteck

Ein einfacher „Tisch" – sprich: eine Platte mit vier Füßen – ist ebenso gut als Versteck geeignet, denn Meerschweinchen benötigen lediglich einen Schutz nach oben, um sich wohl zu fühlen. Das Versteck wird einfach an eine Gehegewand gestellt. Eine freie Sicht in drei Richtungen schätzen die Tiere sehr! Mit Hilfe einer Rampe kann ein solcher „Tisch" von den Tieren zudem als „Balkon" genutzt werden und ermöglicht somit eine Vergrößerung der Lauffläche.

Tonnäpfe eigenen sich am besten für Meerschweinchen – manche Babys nutzen sie jedoch auch als Toilette, dann muss man für Hygiene sorgen! Foto: C. Ehrlich

zudem auf, dass die Eingänge vieler angebotener Fertighäuschen recht klein sind. Ein hochträchtiges Tier kann womöglich stecken bleiben und sich oder die Ungeborenen verletzen – auch dies spricht gegen die handelsüblichen Häuschen.

Sehr beliebt bei Meerschweinchen sind auch große Wurzeln, hohle Baumstämme und Abwasserrohre aus Keramik. Nicht zu empfehlen sind dagegen Laufräder (die für Meerschweinchen völlig ungeeignet sind, aber trotzdem gelegentlich noch angeboten werden), wacklige Leitern oder andere Gestelle (Sturz- und Knochenbruchgefahr) oder schwere, unbefestigte Steine (können umfallen und Verletzungen verursachen).

Zur Einrichtung zählen natürlich zudem ein Napf und eine Tränke. Als Futternäpfe eignen sich im Handel erhältliche, glasierte Tonnäpfe. Achten Sie darauf, dass diese nicht zu hoch (ca. 5 cm) und möglichst schwer sind. Je höher das Gewicht des Napfes, desto sicherer steht das Gefäß! Eine Nippeltränke dient der Wasserversorgung. Hier hat sich gezeigt, dass es wenig sinnvoll ist, ausgerechnet an diesem Punkt zu sparen: Achten Sie auf eine hochwertige Ausführung, denn nichts ist ärgerlicher als eine ständig tropfende Tränke, die das halbe Gehege unter Wasser setzt, oder ein Modell, das sich schlecht reinigen lässt. Die Tränke wird normalerweise außen am Gehege angebracht, weshalb sie durchaus aus Kunststoff bestehen kann, da die Zähne der Meerschweinchen sie nicht erreichen.

Der Einsatz von Heuraufen wird bei Meerschweinchenhaltern kontrovers diskutiert. Wir halten nichts von den handelsüblichen, oben offenen Heuraufen, sondern streuen das Heu immer in eine bestimmte Ecke oder klemmen es zwischen Ästen ein. Wir haben schon zu viele Unfälle gesehen, die mit diesen Heuraufen passiert sind – vor allem kleine Meerschweinchen können darin hängen bleiben und sich sehr schwer verletzen oder gar „aufhängen“. Auch Heuraufen mit Deckel bieten hier nicht unbedingt eine Abhilfe. Schon nach kurzer Zeit kennt man den Bedarf seiner Tiere an Heu ganz genau und gibt nur so viel davon, wie an einem Tag gefressen wird. Bei der Haltung von reinen Erwachsenengruppen können die moderneren Heuraufen-Modelle mit Deckel meistens gefahrlos genutzt werden, sofern sie gut befestigt sind.

Damit wäre das Meerschweinchenheim eigentlich tiergerecht eingerichtet. Doch in den vergangenen Jahren wünschten sich immer mehr Halter eine natürliche Gehegegestaltung. Aber wie viel Natur verträgt ein domestiziertes Tier? Diese auf den ersten Blick seltsam anmutende Frage ist gar nicht so weit hergeholt. Immerhin wurden Meerschweinchen über Jahrhunderte hinweg auf ein Leben „außerhalb“ der Natur hin – nämlich in Menschenhand – selektiert. Wie bekommt solchen Tieren ein Gehege, das mit natürlichen Materialien eingerichtet wurde? Da sie während ihrer Domestikationsgeschichte an eine künstliche Umgebung gewöhnt wurden, ist es für die Tiere nicht immer einfach, natürliche Einrichtungsgegenstände anzunehmen bzw. richtig mit ihnen umzugehen. Verletzungen oder Parasitenbefall können die Folge sein.

Sind Meerschweinchen bisher ohne natürliche Einrichtungsgegenstände wie z. B.

Einige natürliche Einrichtungsgegenstände können normalerweise nicht schaden – wenn sie sicher installiert sind. Foto: C. Ehrlich

Äste, Rinde oder Steine gehalten worden, so müssen die Tiere erst langsam an solche neuen Elemente gewöhnt werden. Ein plötzlicher Umbau des hygienischen Meerschweinchenkäfigs in eine reich strukturierte, naturnahe Landschaft würde die Tiere belasten – psychisch und physisch. So ist es besser, erst einmal einen Stein oder einen Ast in den Käfig einzubringen. Ihre Neugier haben die Tiere nämlich auch im Laufe der Domestikation nicht verloren und untersuchen diese Gegenstände daher gerne und ausgiebig! Nach einiger Zeit werden sie versuchen, darauf zu klettern, und sicherlich stürzen sie auch das eine oder andere Mal ab. Daher dürfen zu Beginn keine zu hohen Elemente eingebracht werden; dass keine Verletzungsmöglichkeiten wie Spitzen oder Spalten an der Einrichtung vorhanden sein dürfen, versteht sich von selbst. Die eingefügten Naturprodukte bringen den Tieren nicht nur Abwechslung (vor allem, wenn man sie ab und zu austauscht), sondern haben auch praktische Eigenschaften: Durch die Bearbeitung von Ästen, Rinde oder Steinen benötigen viele Meerschweinchen keine Pflege der Krallen mehr, denn die nutzen sich an diesen rauen Materialien selbst ab. Gleiches gilt für die Nagezähne und hat überdies zur Folge, dass Holzhäuschen länger unbenagt bleiben. Und schließlich beugt eine reichere Strukturierung des Käfigs mit Naturmaterialien einer Bildung von Stereotypien (Verhaltensstörungen) vor.
So kann eine für die Tiere (und das menschliche Auge) interessante kleine Landschaft entstehen, die mit „Natur" zwar sicherlich nicht allzu viel zu tun hat, aber den südamerikanischen Nagern trotzdem etwas Anregung gibt.

Auslauf im Zimmer

Im Haus gehaltene Meerschweinchen lieben den gelegentlichen Auslauf im Zimmer, sie schätzen diese willkommene Abwechslung zum Käfigalltag. Ein paar Vorsichtsmaßnahmen muss man für dieses tierische Vergnügen allerdings treffen, bevor es losgehen kann. Wie bei allen anderen Nager auch, ist alles, was angenagt werden kann, nicht sicher vor Meerschweinchen. Dazu gehören Elektrokabel, Tapeten, Teppiche, Möbel, Plastikgegenstände, Zimmerpflanzen usw. Ein Zimmer muss also für den Auslauf meerschweinchensicher gestaltet werden. Soll der Freilauf regelmäßig im selben Zimmer stattfinden, so empfiehlt es sich, Kabel z. B. mit Hilfe von Kupferrohren dauerhaft zu sichern, Möbelecken und Aluminium-Profile können Zimmerecken oder gefährdete Möbel schützen. Andere Gefahrenquellen sollten aus dem Zimmer entfernt bzw. so hoch aufgestellt werden, dass die Tiere nicht herankommen, so z. B. Putzmittel, Aschenbecher (im „Meerschweinchenzimmer“ sollte ja ohnehin nicht geraucht werden), scharfkantige Gegenstände sowie alles, was umfallen kann und auf diese Weise die Nager verletzen könnte. Zusätzlich müssen natürlich alle Bewohner der Wohnung über den Freilauf informiert werden, denn sonst besteht die Gefahr, dass ein Tier getreten oder von einer Tür verletzt wird. Am besten wird das Freilauf-

Tipp: Vorsicht vor Höhen!

Auf keinen Fall darf ein Meerschweinchen ungesichert auf einen Tisch oder sonst eine erhöhte Fläche gesetzt werden. Bei einem plötzlichen Schreck könnte es sonst passieren, dass es mit einem Satz vom Tisch springt. Die Folgen können tödlich sein.

Ideal: Auslauf in einem separaten Meerschweinchen-Zimmer Foto: M. Aigner

zimmer abgeschlossen, sodass niemand ohne Vorankündigung hereinkommen kann.
Ohne Aufsicht sollte man die Tiere allerdings niemals laufen lassen. Man muss schließlich immer darauf achten, wo die Meerschweinchen sich aufhalten, und kann nebenbei den Kontakt zu seinen Meerschweinchen intensivieren, den Freilauf für Streicheleinheiten oder einen Gesundheits-Check nutzen.
Wenn der Halter diese einfachen Regeln einhält, ist der Freilauf ein tolles Erlebnis für Mensch und Tier. Eine gewisse Regelmäßigkeit ist dabei vorteilhaft, denn so vergisst der Halter die Gesundheitskontrollen nicht, und die Nager können sich an einen „geregelten" Tagesablauf gewöhnen. Der Ausflug in das Zimmer bietet den Meerschweinchen zudem eine gute Möglichkeit für zusätzliche „Fitness-Sessions". Das Laufen und die Untersuchung der Umgebung – die z. B. auch mit Pappkartons regelmäßig verändert werden kann – sorgen für Bewegung bei den Tieren.

Vorsicht beim Freilauf: Sehr viele Zimmerpflanzen sind giftig für Meerschweinchen. Foto: C. Ehrlich

Noch ein paar Worte zum Thema Stubenreinheit: Meerschweinchen werden meist nicht völlig stubenrein. Viele lernen zwar durch Belohnungen, möglichst häufig im Käfig oder in einer bestimmten Ecke ihren Kot abzusetzen, zu 100 % klappt das aber nie – so wie bei allen Nagern und Kaninchen. Die meisten nicht erzogenen Meerschweinchen lassen Kot und seltener auch Urin einfach dort ab, wo sie gerade stehen. Mit einem Stabsauger und einem Zellstoff-Tuch ist diesen „Unfällen" aber leicht beizukommen. Auf alle Fälle sollte man daher Meerschweinchen wenigstens ab und zu einmal einen Freilauf „genehmigen"!

Ernährung

Über die Ernährung von Meerschweinchen machten sich über Jahre hinweg nur wenige Menschen wirklich tiefer gehende Gedanken. In den Anfängen der Meerschweinchenhaltung erhielten die südamerikanischen Nager vor allem Kaninchenfutter (oder sogar Küchenabfälle), später gab es immer mehr und immer bunteres Futter für sie im Handel. Doch nur wenige Futtersorten waren wirklich für diese Tiere geeignet und auch wirklich gesund. Dies hat sich in den letzten Jahren grundlegend geändert. Immer mehr Halter wünschen sich weniger „buntes" (also optisch ansprechendes), als vielmehr gesundes, artgerechtes Futter für ihre Meerschweinchen – damit die Tiere bis ins hohe Alter von Krankheiten verschont und aktiv bleiben.
Ein solches Futter gab es übrigens schon immer, nur „trauten" sich die wenigsten, ihren Tieren ausschließlich Heu, Grünzeug aller Art und Wasser zu geben – dabei entspricht eine solche Fütterung der natürlichen Ernährung von Meerschweinchen am ehesten. Diese sind nämlich ursprünglich „Weidetiere", die hauptsächlich Gräser und Wildkräuter, gelegentlich auch Samen ihrer Nahrungspflanzen sowie Früchte fressen (s. „Ernährung in freier Natur", S. 29).
Aber natürlich hat auch die Futtermittel-Industrie den Kundenwunsch bemerkt und stellt mehr und mehr Meerschweinchenfutter mit vernünftigen Nährstoffzusammenstellungen her. Und so findet der Halter unter den vielen Futtermitteln sicherlich auch eines, das als Ergänzung zu Heu und Grünzeug gegeben werden kann und die Gesundheit der Tiere nicht negativ beeinflusst. Eines aber vorweg: Meerschweinchen dürfen nicht hauptsächlich mit Trockenfutter ernährt werden!
Achten Sie beim Kauf des Trockenfutters auf einen hohen Rohfaser- und einen geringen Fett- und Proteingehalt. Dies bedeutet, dass z. B. möglichst wenig Getreide enthalten sein sollte. Der energiearme Hafer ist das einzige Getreide, das relativ bedenkenlos in der Meerschweinchenernährung genutzt werden kann. Erdnüsse und Sonnenblumenkerne gehören überhaupt nicht ins Trockenfutter, da das Verdauungssystem der Tiere nicht auf derart fetthaltige Sämereien eingerichtet ist. Futtermittel mit einer vernünftigen Zusammenstellung werden inzwischen regelmäßig angeboten, der Halter darf einen Blick auf die Nährstofftabellen und deren Vergleich nur nicht scheuen!
Was eine falsche Ernährung von Meerschweinchen bewirkt, ist hinlänglich bekannt: Überlange Zähne, die sich in Wange oder Zunge der Nager bohren, Verdauungsbeschwerden, Mangelerscheinungen und viele weitere Beschwerden sind häufig die Folge; mehr zu diesem Thema finden Sie im Kapitel „Gesunderhaltung". Und natürlich werden falsch ernährte Meerschweinchen längst nicht so alt wie ihre tiergerecht gefütterten Artgenossen!

Auf die genaue Zusammensetzung des Meerschweinchen-Speiseplans werden wir auf den folgenden Seiten genauer eingehen, doch es kommt nicht nur auf das „Was" an, sondern auch auf das „Wann": Meerschweinchen mögen nämlich feste Fütterungszeiten. Sie fressen außerdem besser, wenn man mehrmals täglich füttert, mindestens zweimal, besser noch dreimal, z. B. morgens Trockenfutter, mittags Heu, abends Grünfutter. Meerschweinchen sind eben „Dauerfresser", die für eine perfekte Verdauung ständig viele kleine Portionen aufnehmen müssen.
Zum Schluss dieser Einführung noch einige Grundsätzlichkeiten bei der Fütterung von Meerschweinchen: Nicht gefressenes Grünfutter muss der Halter nach einiger Zeit (am besten etwa zwölf Stunden) entfernen, damit es nicht verdirbt. Ein Futterwechsel bei Grünfutter oder Trockenfutter darf nur allmählich durchgeführt werden – das empfindliche Verdauungssystem der Meerschweinchen könnte ansonsten sehr heftig auf die plötzliche Veränderung reagieren (s. „Gesunderhaltung", S. 162). Besondere Vorsicht ist bei der ersten Verfütterung von frischem Gras und Löwenzahn im Frühjahr geboten, da beide sehr nährstoffreich sind und leicht zu Durchfall führen können. Also auch hier mit kleinen Mengen beginnen und nach und nach über einige Tage die Menge steigern. Mehr zu dem besonderen Verdauungssystem der Meerschweinchen finden Sie im Kapitel „Physiologie", S. 15.

„Lieblingsessen": Grünzeug spielt eine wichtige Rolle in der Meerschweinchenernährung.
Foto: C. Ehrlich

Grundnahrung Heu

Heu ist für das Meerschweinchen das Nonplusultra! Dieses Raufutter ist absolut notwendig für eine problemlose Darmtätigkeit und muss immer unbegrenzt zur Verfügung stehen. Wie bereits erwähnt, ist Heu dasjenige Futter, das am besten dazu beiträgt, dass die ständig nachwachsenden Nagezähne passend abgenutzt werden (das häufig empfohlene trockene Brot bewirkt das nicht und ist zudem für den Magen-Darm-Trakt des Meerschweinchens kaum geeignet!). Als Alternative zu Heu können Zweige von ungiftigen Bäumen als „Knabberartikel" dienen.

Das Meerschweinchen nimmt jeden Heuhalm einzeln auf, zerkleinert ihn mittels seiner Nagezähne vor und zieht ihn so weiter zu den Backenzähnen. Diese zerreiben den vorbereiteten Heuhalm mit einer ständig gleich bleibenden Mahlbewegung, und durch die Vermischung mit Speichel entsteht ein rohfaserreicher, leicht verdaulicher Futterbrei. Gut gelagertes Heu ist, von den anderen Inhaltsstoffen einmal abgesehen, übrigens auch sehr reich an Vitamin C. Der Magen-Darm-Trakt der Meerschweinchen ist auf die Verdauung von harten Magergräsern von Natur aus eingerichtet.

Achtung: Gefährliches Heu

Ein häufiges Problem bei Heu ist, dass es zwar trocken an den Meerschweinchenhalter verkauft wird, aber nicht die gesamte Zeit von der Ernte bis zum Endverbraucher wirklich trocken gelagert wurde. Wenn Heu ein einziges Mal nass wird (z. B. auf dem Dachboden eines Heubauern oder im Plastiksack des Zoogeschäfts), bilden sich in rasanter Geschwindigkeit Schimmelpilze, deren Sporen und Toxine auch eine erneute Trocknung überstehen. Der Halter kann am Geruch des Heus relativ leicht erkennen, ob dieser Fall vorliegt: Heu reicht sehr schnell leicht muffig bzw. staubig, wenn es einmal verschimmelt war. Vorzügliches Heu sollte sehr gut – sprich: aromatisch – duften.

Zu beachten ist, dass das Heu frisch und würzig riecht, nicht schimmelig oder feucht ist, denn das kann zu schweren Darmstörungen und unter Umständen zum Tod des Tieres führen. Der Grund dafür sind in diesem Fall die toxischen bzw. die Verdauung negativ beeinflussenden Ausscheidungen der Schimmelpilze oder Bakterien (z. B. Milchsäurebakterien) in feuchtem Heu.

Heu sollte den Meerschweinchen frühestens sechs Wochen nach der Gewinnung gereicht werden. Diese Zeit braucht es zum „Ausschwitzen" und um seinen zunächst strengen Geschmack zu verlieren. Auf zu frisches Heu reagieren manche Tiere sogar mit Benommenheit; ferner kann es zu Darmstörungen und erheblichen Verdauungsproblemen kommen, wenn es noch nicht vollständig ausgetrocknet ist. Ist das Heu vom Bauern, sollte der Halter zudem darauf achten, dass es nicht zu grob ist! Meerschweinchen bevorzugen feineres Heu – nur wissen das die wenigsten Landwirte …

Im Zoofachhandel angebotenes Heu ist meistens für die Verfütterung an Meerschweinchen gut geeignet, aber gelegentlich kommt es vor, dass äußerst staubiges Heu verkauft wird. In einigen Fällen wurden – vermutlich durch zu frühes Verpacken in Plastikbeutel – zudem Hinweise auf Schimmel gefunden, berichteten uns mehrere Züchter. Also: Augen auf beim Heukauf!

Heu ist das Grundnahrungsmittel Nr. 1! Foto: C. Ehrlich

Heu- und Alfalfa-Pellets
Foto: C. Ehrlich

Natürlich kann man Heu auch selbst herstellen und weiß somit ganz genau, was im Hauptfutter für die eigenen Heimtiere enthalten ist. Am nährwertreichsten wird Heu, wenn das Gras oder Grünfutter vor der Blüte geschnitten wird, daher ist der so genannte „erste Schnitt“ so beliebt. Je länger mit dem Schnitt des Grünfutters gewartet wird, desto nährstoffärmer wird letztendlich das Heu.

Und auch die Trocknung ist gar nicht so einfach, wie man glauben mag, vor allem, wenn man wirklich die ideale Qualität des Heus erzeugen möchte. Der möglichst kräuterreiche Wiesenschnitt sollte beispielsweise nicht 3–4 Tage bei 40 °C (zu heiß!) sozusagen geröstet werden und natürlich darf es während der Trocknung auch nicht wieder nass werden (Pilze!). Ideal ist zur Trocknung eine „trockene Sommerwoche“. Sehr intensive und lang andauernde Sonneneinstrahlung wirkt sich ebenfalls negativ auf die Qualität (und den Vitamingehalt) aus, ebenso – wie oben schon beschrieben – Feuchtigkeit.

Neben Wiesenheu, das aus den unterschiedlichsten Gräsern und Kräutern bestehen kann und sogar soll, eignen sich übrigens zur Abwechslung auch noch Heu aus Kleearten, Luzerne, Brennnessel, Petersilienstängeln oder sogar Kamille. Einige dieser Sorten halten spezialisierte Nager-Fachgeschäfte häufig bereit.

Fehlendes Heu ist häufig eine Ursache für Durchfall bei überwiegend mit Trockenfutter (so genanntem „Alleinfutter“) und Wasser ernährten Meerschweinchen. Das vermehrte Verfüttern von Heu und die Reduzierung des Alleinfutters können dann bereits Abhilfe schaffen. Auch bei anders verursachten Durchfällen (Zerstörung der Darmflora z. B. durch Gabe von Antibiotika, verdorbenes Grünfutter etc.) wirken einige Tage „Heudiät“ bereits wahre Wunder! Heu und Grünzeug sind also stets die Hauptnahrungsquellen für Meerschweinchen. Nicht der Futternapf, sondern die Heuraufe – sofern sie diese benutzen – sollte bei Meerschweinchen stets gefüllt sein!

Trockenfutter

Meerschweinchen benötigen also recht wenig Kraftfutter. Zuchttiere und heranwachsende Jungtiere sowie in Winteraußenhaltung lebende Meerschweinchen brauchen allerdings zeitweise etwas größere Mengen. Die Zusammensetzung des Futter sollte idealerweise wie folgt aussehen – natürlich sind geringe Schwankungen auch nicht gravierend (s. Tabelle). Zuchttiere erhalten zudem wegen der hohen körperlichen Anstrengung während der Trächtigkeit eine etwas andere Zusammensetzung des Trockenfutters (s. Spalte „Zucht").

	Haltung	Zucht
Rohfett	2,6 %	3,5 %
Rohprotein	13 %	18 %
Rohfaser	8 %	11,2 %
Asche	6,5 %	7,3 %

(nach RICHARDSON 1992)

Normalerweise enthalten alle angebotenen Fertigfutter für Meerschweinchen die Vitamine A, D und E sowie die notwendigen Spurenelemente, es müssen demnach normalerweise keine zusätzlichen Vitaminpräparate gegeben werden, da ja durch das Grünfutter weitere Vitamine in den Meerschweinchenkörper gelangen.

Dies gilt aber nicht unbedingt für Vitamin C, das Meerschweinchen – wie beschrieben – wie wir Menschen nicht selbst im Körper synthetisieren können. Meerschweinchen haben einen sehr hohen Bedarf an diesem Vitamin, da es in der Natur in vielen Hochlandpflanzen in extremen Konzentrationen auftritt und die Tiere somit von Natur aus darauf eingestellt sind. Es gibt daher inzwischen auch etliche Fertigfutter, die bereits Vitamin-C-Zugaben enthalten. Ist dies nicht der Fall, muss Vitamin C eventuell zusätzlich im Trinkwasser verabreicht oder kann über das Trockenfutter gestreut werden.

Der durchschnittliche Bedarf eines Meerschweinchens an Vitamin C liegt bei ca. 16 mg pro Tag, eine Überdosierung in Maßen (!) schadet nicht. Häufig kann dieser Wert durch Grünfutter erreicht werden. Hat der Halter z. B. durch die Gewohnheiten seiner Nager Bedenken, kann er zu Präparaten aus der Apotheke zurückgreifen. Vitamin C wird als Ascorbinsäure in Pulverform verkauft und kann somit gezielt dem Wasser beigemischt werden. Aber Achtung: Vitamin C ist nicht dauerhaft lichtresistent, sondern zerfällt im hellen Licht nach wenigen Stunden (und wird damit wirkungslos). Undurchsichtige Wasserflaschen können da Abhilfe schaffen. Weil eine zu hohe Zufuhr einiger Vitamine, wie z. B. von Vitamin A und Vitamin D, zu Krankheitserscheinungen („Hypervitaminosen") führen kann, sollte seitens des Halters auf eine regelmäßige Gabe solcher Vitaminpräparate verzichtet werden, die bei einer ausgewogenen Ernährung nicht notwendig ist.

Meerschweinchen brauchen außerdem einen geringen Anteil an tierischem Eiweiß im Futter, bei tragenden und säugenden Tieren sollte dieser erhöht sein. In der Natur wird dieser Bedarf durch das Mitfressen (vielleicht sogar gezieltes Fressen?) von Würmern und Insekten gedeckt. Nur wenige Futtermittel für Meerschweinchen bieten

den Tieren allerdings eine solche Möglichkeit. Man kann aber durch eine seltene (z. B. wöchentliche) Gabe eines günstigen Katzentrockenfutters (1 TL für zwei Tiere) den Meerschweinchen ausreichend Proteine zuführen. Man wählt deshalb ein preisgünstiges Trockenfutter, da dieses meist wenig Fette und nicht übermäßig viel Eiweiß enthält – denn zu viel Eiweiß ist wiederum schädlich. Manche Halter benutzen alternativ Milchpulver, das über das Futter gestreut wird.
Bei den angebotenen Fertigfuttermischungen für Meerschweinchen ist zudem auf die Nutzbarkeit seitens der Tiere zu achten. Meerschweinchen sind nämlich kaum in der Lage, ungeschälte Sonnenblumenkerne, ganze Getreide- oder Maiskörner etc. zu verwerten. Diese Futterbestandteile sind also so gut wie wertlos, ein auf den Backenzähnen „aufgespießtes" Getreidekorn kann sogar zu massiven gesundheitlichen Problemen führen. Pelletiertes Futter sowie Getreideflocken (in geringen Mengen) können hingegen problemlos aufgenommen werden.

Tipp: Trockenfutter

Geben Sie Ihren Tieren grundsätzlich ein spezielles Meerschweinchen-Trockenfutter mit der Bezeichnung „Alleinfutter" und nicht „irgendein" Nagerfutter (für Hamster, Ratten usw.), denn nur dann ist die richtige Zusammensetzung der Inhaltsstoffe gewährleistet. Auch beim Trockenfutter gilt natürlich, dass es nicht schimmelig werden darf und immer frisch sein sollte. Der Tagesbedarf beträgt etwa 20–25 g pro Tier und Tag, tragende und säugende Weibchen sowie heranwachsende Tiere benötigen etwas mehr. Wiegen Sie diese Menge ruhig einmal mit einer Briefwaage ab, Sie werden erstaunt sein, wie wenig das ist! Diese Futtermittel sind trotz ihres Namens keinesfalls als Alleinfutter tauglich, man kann ein Meerschweinchen also nicht nur mit einem vollen Futternapf und einer Tränke gesund erhalten!

Pellet-Futter ist für Meerschweinchen ideal.
Foto: C. Ehrlich

Grünfutter

Wer schon einmal eine quirlige Meerschweinchengruppe beim Verfüttern eines kleinen „Rohkost-Sortiments" beobachtet hat, bestehend z. B. aus verschiedenen Salaten oder Wiesenschnitt, Möhren, Paprika, Gurke und Äpfeln, der wird feststellen, dass auch Meerschweinchen „wissen", was wichtig für sie ist. Denn gerade das Grünzeug sorgt bei den Nagern meist für wahre „Pfeifkonzerte" der Freude, wobei oft jedes Tier ein anderes Lieblingsfrischfutter hat.

Grün- oder Saftfutter ist eine wichtige Komponente zur Sicherstellung einer tiergerechten Ernährung. Es gewährleistet aber nicht nur eine Versorgung mit Vitaminen und Mineralstoffen, sondern hält durch z. B. verschiedene Enzyme und den hohen Rohfaseranteil den Magen-Darm-Trakt des Meerschweinchens gesund und ermöglicht damit auch die optimale Aufnahme der Nährstoffe im Futter.

Wenn der Halter also viel Frischfutter gibt, so ist dies nicht nur – neben Heu – das Hauptfutter, sondern in gewisser Weise Leckerchen zugleich!

Tipp: Leckerchen

Wer z. B. zur Zähmung nicht auf weitere Leckerlis (außer Obst) verzichten möchte, braucht bei einer ansonsten artgerechten Ernährung und einer sehr seltenen (!) Gabe dieser Belohnungen aus dem Zoofachhandel sicherlich keine Angst um die Gesundheit seines Meerschweinchens zu haben. Werden Meerschweinchen jedoch falsch ernährt, so kann die Gabe zuckerhaltiger Leckerchen der berühmte Tropfen sein, der das Fass zum Überlaufen bringt, sprich: Das Meerschweinchen wird ernsthaft krank oder stirbt sogar.

Ein „Rohkostsortiment" sorgt für viel Trubel im Gehege – und gesund ist es auch noch!
Foto: C. Ehrlich

Mindestens 50–70 g Grünfutter am Tag sollten pro Tier verfüttert werden, aber auch mehr ist kein Problem, allerdings nicht übertreiben (vor allem bei besonders begehrten Futtermitteln, bei denen sich die Tiere aus Heißhunger auch mal überfressen), denn das kann wiederum Durchfall verursachen. Wichtig ist einfach das artgerechte Verhältnis von Heu, Trockenfutter und Grünfutter. Verfüttert man etwas, was das Tier nicht kennt und zuerst ablehnt (obwohl es ge-

Futterliste: Grünfutter

Folgendes Grünfutter kann unbedenklich angeboten werden:

Besonders reich an Vitamin C

• Blattspinat • Blumenkohlblätter und -strunk • Löwenzahn (aber nicht vom Straßenrand, wegen der Autoabgase) • Petersilie • Grünkohl (auch Bauern- oder Winterkohl genannt), bei allen Kohlsorten gilt: in Maßen verfüttern, damit es nicht zu Blähungen kommt! • Paprika • Apfel • Erdbeeren • Grapefruit (ohne Schale) • Kiwi • Clementinen (ohne Schale) • Orangen (ohne Schale) • Melone

Anderes Grünfutter:

• Tomaten (nicht zu viel, schlechtes Kalzium-Phosphor-Verhältnis) • Salatgurken • Chinakohl • Salate (bei Kopfsalat vorsichtig sein, nur wenig verfüttern, da er häufig sehr nitratbelastet ist, ein schlechtes Kalzium-Phosphor-Verhältnis besitzt und außerdem zu Durchfall führen kann) • Mangold • Futterrüben • Zuckerrüben • Karotten/Möhren (sehr wichtig: haben viel Vitamin A) • Fenchel • Kohlrabi und Kohlrabiblätter • frischer Mais (mitsamt den Blättern, aber in Maßen!) • Wegerich • Huflattich • Frisches Gras (nicht vom Straßenrand!) • Rote Beete • Bleich- und Knollensellerie • Banane (ohne Schale) • Birne • Weintrauben

Auch hier gilt selbstverständlich: kein offensichtlich verschimmeltes, vergammeltes Grünfutter geben!

Absolut ungeeignet:

- Gemüse und Obst aus der Tiefkühltruhe
- Spitzkohl, Weißkohl, Rotkohl
- Grüne Bohnen (können tödlich sein – Vergiftung)
- Rohe Kartoffeln
- viele Zimmerpflanzen
- Nadelbäume (Harze)
- u. v. m.

Möhren-Fans: Jedes Tier hat seine ganz individuellen Vorlieben. Foto: C. Ehrlich

Abwechslung ist alles!
Foto: C. Ehrlich

Frisches Gras und Gemüse liefern Vitamine und Rohfasern. Foto: C. Ehrlich

sund ist), sollte man es immer mal wieder anbieten, normalerweise wird es dann doch irgendwann angenommen.

Es ist sicherlich sinnvoll, dem Tier möglichst unbelastetes Obst und Gemüse zu verfüttern, falsch ist jedoch, alles zu waschen oder zu schälen. Wenn das Tier in der Natur Gras frisst, nimmt es dabei auch kleine Insekten, Erdkrümel usw. auf. Darauf ist sein Verdauungsapparat eingerichtet und verkraftet es auch problemlos – ganz im Gegensatz allerdings zu Spritzmitteln. Achten Sie zudem auf Abwechslung, der Variabilität sind wirklich keine Grenzen gesetzt! Hier ist natürlich vor allem der Halter gefragt, der ein immer wechselndes Grünfutterangebot reichen sollte, um monotones Fressverhalten zu vermeiden. Ein Tier, das ausschließlich Salat frisst, tut das nur dann, wenn man dem immer wieder nachgibt!

Wasser muss ständig zur Verfügung stehen. Foto: U.Schanz

Wasser

Meerschweinchen brauchen Wasser. Die Aufnahme ist jedoch auch abhängig davon, wie viel Nassfutter gefressen wird, von der Raumtemperatur, dem Klima, der Jahreszeit und vielen anderen Faktoren. Daher sollte grundsätzlich stets Wasser zur Verfügung stehen, das mindestens im Abstand von zwei Tagen gewechselt wird. In der Regel wird Wasser aus hygienischen Gründen in einer Nippeltränke mit Kugelventil angeboten.

Vitamine, Mineralstoffe, Spurenelemente

Ein Mangel an Vitaminen, Mineralstoffen und Spurenelementen ist bei einer ausgewogenen Ernährung niemals ein Problem. Trotzdem sollte der Halter wissen, was woher „stammt". Lebensnotwendige Mineralstoffe sind beim Meerschweinchen vor allem Kalzium, Phosphor, Natrium, Chlor, Kalium und Magnesium. An Spurenelementen benötigen die südamerikanischen Nager besonders Eisen, Jod, Kupfer, Fluor, Selen, Zink und Mangan. Eine Besonderheit beim Meerschweinchen ist das Blinddarmkotfressen, um die darin enthaltenen Vitamine B_{12} und K aufzunehmen. Hierbei handelt es sich um eine Absonderung des Blinddarms, die eine besonders weiche Konsistenz hat und mehrmals am Tag aufgenommen wird (s. „Ernährung in freier Natur", S. 29).

	wichtig für	**bieten vor allem**	**Mangel äußert sich durch**
Vitamin A (Retinol)	Fruchtbarkeit, Haut- und Schleimhautfunktionen	frische Grünpflanzen und Karotten	schlechtes Fell, Unfruchtbarkeit, Augenkrankheiten, Wachstumsstörungen
Vitamin-B-Komplex (besteht aus acht Vitaminen)	Stoffwechsel, Nervensystem, Futterverwertung, Blutbildung	Getreidekörner, Hefe, pflanzliche Futtermittel	je nach Vitamin Lähmungen, Wachstumsstörungen, Blutarmut, Schwäche, schlechter Fellzustand
Vitamin C (Ascorbinsäure)	Abwehrkräfte, Blutgerinnung	Zitrusfrüchte, Petersilie, Äpfel, alle Grünpflanzen, Gemüse und Salat	Immunschwäche, Lähmungserscheinungen bis hin zum Skorbut
Vitamin D (Calciferol)	Reguliert den Kalzium- und Phosphorstoffwechsel	wird durch Sonnenbestrahlung im Meerschweinchenkörper gebildet, kaum in Futtermitteln vorhanden	zu geringe Kalziumeinlagerung in den Knochen (Rachitis), Geburtsprobleme
Vitamin E (Tocopherol)	Muskelstoffwechsel, Fertilität	Grünfutter, Getreide und -keime, Samen, Ölsaaten	Unfruchtbarkeit, fehlender Sexualtrieb
Vitamin H (Biotin)	Krallen und Fell	Getreide, auch fast alle anderen Futtermittel	
Vitamin K	Blutgerinnung	kann wie Vitamin B12 in genügender Menge im Blinddarm synthetisiert werden, auch in Grünfutter	

Pflege

Eine der wichtigsten Pflegemaßnahmen ist natürlich die Reinigung des Käfigs. Nur wenn dieser wirklich regelmäßig gesäubert wird, besteht keine Gefahr von Krankheiten durch feuchte Einstreu oder eventuell entstehendes Ammoniak. Ist der Käfig groß genug gewählt, reicht eine wöchentliche Komplettreinigung. Dabei wird die Wanne ausgeleert, mit heißem Wasser (evtl. etwas Spülmittel, keine scharfen Putzmittel verwenden!) ausgespült und nach dem Trocknen 5–10 cm hoch mit neuer Einstreu versehen. Ab und zu kann man die Wanne mit einem milden Desinfektionsmittel aussprühen. In diesem Fall sollte allerdings etwas länger gewartet werden, bis die Tiere wieder eingesetzt werden. Sie könnten das Mittel ansonsten ablecken.

Die im Handel angebotenen Plastikschalen, die als Kotecke fungieren sollen (für Kaninchen, werden aber auch für Meerschweinchen empfohlen) sind übrigens für Meerschweinchen nur bedingt geeignet. Meerschweinchen setzen ihren Kot ab, wo sie gerade stehen, sitzen oder liegen. Sie bevorzugen zwar meist eine Ecke, um Urin abzusetzen, aber die Kotpellets sind im ganzen Käfig verteilt. In den Tagen zwischen den Hauptreinigungen kann man ab und zu die Urinecken entfernen und die Wanne ggf. etwas überstreuen.

Im Fachhandel werden alle möglichen Mittelchen angeboten, die angeblich den Geruch verringern. Wir halten von all diesen Zusätzen nichts und denken, es ist immer

Eine zu seltene Reinigung des Käfigs führt zu einem hohen Ammoniakgehalt in der Luft und zu Krankheiten. Foto: C. Ehrlich

Vorsicht angebracht. Da Meerschweinchen direkt auf der Einstreu liegen und häufig auch mit der Nase darin herumwühlen, könnten diese Zusätze eventuell allergische Reaktionen hervorrufen oder in den Atmungsorganen zu Problemen führen. Das einfachste, billigste und sicherste Mittel ist immer noch das regelmäßige Säubern des Käfigs.

Jeden Tag muss man zudem Futterreste – vor allem des Feuchtfutters – entfernen, damit sie nicht verfaulen oder in angeschimmeltem Zustand doch noch gefressen werden. Das Fressen verdorbener oder verunreinigter Nahrung kann zu Magen-Darm-Problemen und Vergiftungserscheinungen führen.

Auch das Wasser sollte der Halter am besten täglich, mindestens aber jeden zweiten Tag wechseln. Dabei ist die Flasche mit sauberem Wasser auszuspülen. Einmal im Monat kann man die Flasche mit etwas Spülmittel komplett reinigen; es ist aber wichtig, die Tränke anschließend gut auszuspülen, damit keine Schaumreste in der Flasche zurückbleiben. Inzwischen gibt es im Fachhandel auch spezielle Wasserbehälter, die in der Geschirrspülmaschine gewaschen werden können. Da manche Meerschweinchen dazu neigen, auch ihren Futternapf als Toilette zu benutzen, muss er täglich geleert und evtl. ausgewischt werden. Einmal pro Woche sollte auch er gründlich mit heißem Seifenwasser gereinigt werden.

Tägliche Pflegemaßnahmen

- Kontrolle der Tiere und ihres Verhaltens
- Überprüfung der Einstreu (feucht?)
- Futterreste entfernen
- Trinkwasser nachfüllen bzw. Tränke säubern und frisch auffüllen
- Fütterung
- Kontrolle der Verstecke (feucht?)
- ggf. Kotecke säubern

Zusätzlich zu diesen Pflegemaßnahmen ist es natürlich wichtig, seine Meerschweinchen jeden Tag genau zu beobachten, um Anzeichen für einsetzende Krankheiten rechtzeitig zu entdecken. Dazu zählt u. a. der Gesundheits-Check (s. u.).

Zusätzlich zu diesen Arbeiten muss der Halter u. U. einige Körperpflegemaßnahmen bei seinen Meerschweinchen durchführen (s. u.).

Fellpflege

Meerschweinchen halten sich in der Regel alleine sauber. Das gilt vor allem für die kurzhaarigen Rassen. Bei einigen Züchtungen, Meerschweinchen mit Rückenleiden sowie älteren Tiere kann allerdings eine tägliche Fellpflege durch den Halter notwendig sein. Meerschweinchen sind also in der Regel sehr pflegeleichte Heimtiere, die im Normalfall nie gebadet werden müssen. Meerschweinchen sind wahrlich keine Freunde des nassen Elements, daher sollte der Halter genau abwägen, wann ein Bad wirklich nötig ist. Baden birgt zudem immer das Risiko einer Erkältung.

Bei Glatthaar-, Rosetten- und Crested-Meerschweinchen ist die Fellpflege denkbar einfach: Ab und zu wird das Haarkleid mit einer weichen Bürste gepflegt, um Staub,

Langhaartiere sind pflegeintensiver als kurzhaarige Rassen. Foto: C. Ehrlich

Schmutz, Streu usw. zu entfernen. Rex- und Teddy-Meerschweinchen brauchen geringfügig mehr Pflege: Sie sollten ab und zu mit einer kleinen Metallbürste mit gummierten Spitzen durchgekämmt werden. In dem gekräuselten Fell lagert sich bei manchen Tieren alles Mögliche ab, was zu Hautirritationen führen kann.

Langhaartiere dagegen brauchen intensivere Pflege, das sollte man schon vor dem Kauf bedenken! Auch bei peinlichster Sauberkeit ist es nicht zu vermeiden, dass das lange Fell verschmutzt. Am einfachsten ist es daher, das Fell immer auf Bodenlänge oder weniger zu kürzen – so können die Tiere keine Partikel vom Boden mit ihrer „Schleppe" einsammeln. Will man das Tier allerdings ausstellen, sollen nach Standard des MFD BD e. V. die Haare Bodenlänge plus/minus 2 cm haben. In diesem Fall bleibt also nichts anderes übrig, als die Tiere regelmäßig zu baden, um sie Tier sauber zu halten (s. „Ausstellungen", S. 153). Dazu kommt eine tägliche Überprüfung des Fells nach Filzbildung. Wenn man beginnende Verfilzungen im Fell sofort herauskämmt, kann man Schlimmeres verhindern.

Wenn ein Bad des Meerschweinchens nicht umgangen werden kann, führt man es am besten in einer Spülschüssel mit ca. 5 cm hohem, lauwarmem Wasser durch. Das Tier wird gut festgehalten und mit einem milden Baby- oder speziellem Tiershampoo eingeseift. Wichtig ist, das Shampoo anschließend gründlich auszuspülen. Danach wird das Meerschweinchen mit auf der untersten Temperaturstufe eingestelltem Föhn getrocknet oder bis zum Trocknen unter eine Infrarotlampe gesetzt. In beiden Fällen ist darauf zu achten, dass die Tiere nicht überhitzen und z. B. eine Ausweichmöglichkeit haben.

Krallenschneiden

Wichtig ist ein regelmäßiges Kürzen der Krallen mit einer speziellen Krallenschere oder einem Nagelclip. Meerschweinchen haben an den Hinterfüßen jeweils drei, an den Vorderfüßen jeweils vier Krallen. Werden sie nicht gekürzt, wachsen sie schief nach außen, in ganz schlimmen Fällen sogar in Korkenzieherform. Schließlich kann das Tier kaum noch laufen, und die Krallen können Wunden an den Füßen verursachen.

Zu beachten ist, dass die Krallen nur bis kurz vor dem Blutgefäß abgeschnitten werden. Bei hellen Krallen sieht man das rote Blutgefäß im Gegenlicht, bei dunklen Krallen ist das etwas schwieriger. Einsteiger in dieses Hobby sollten daher zunächst zu einem Tierarzt oder erfahrenen Züchter gehen, um dort beim Krallenschneiden genau zuzusehen – so lernt man schnell, wie weit gekürzt werden darf.

Tipp: Krallenpflege

Wenn im Gehege z. B. einige Rindenstücke, begehbare Holzgegenstände oder raue Steine liegen, müssen die Krallen viel seltener geschnitten werden. An diesen Einrichtungsgegenständen nutzen die Tiere ihre Krallen von ganz alleine ab. Manche Züchter betten z. B. die Futternäpfe in einen Ring aus Zement. Der getrocknete, raue Zement sorgt für die Abnutzung der Krallen während des Fressens und ist zudem Garant dafür, dass der Napf nicht umkippt, wenn die Meerschweinchen ihre Pfoten auf den Rand stellen.

Pediküre: Mit der Krallenschere wird im Fall der Fälle gekürzt. Foto: U.Schanz

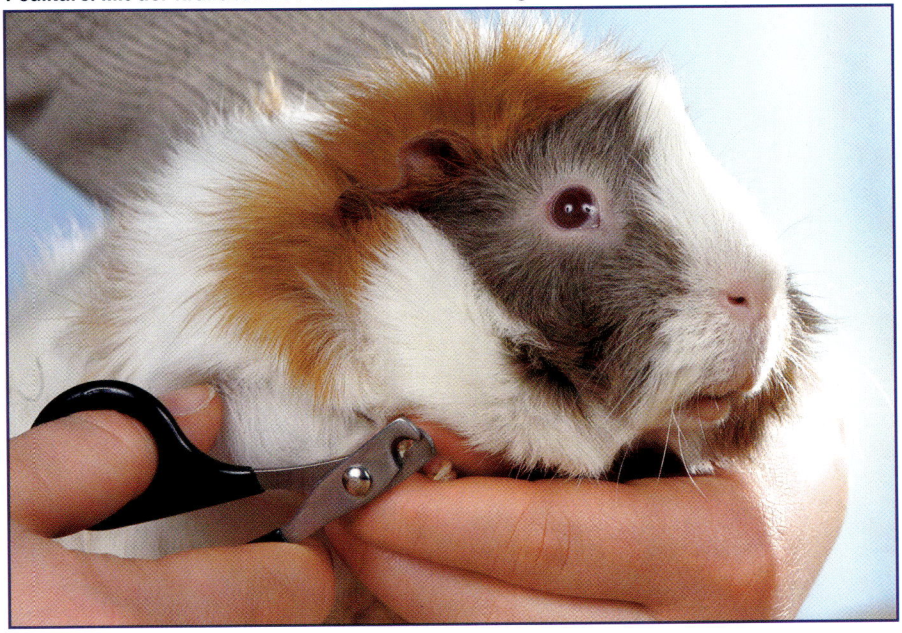

Gesundheits-Check

Zur Krankheitsvorsorge ist ein regelmäßiger Gesundheits-Check des Meerschweinchens sehr wichtig. Meerschweinchen verbergen Krankheiten nämlich häufig vor ihrem Halter. Dieses Verhalten ist ein Relikt aus der Wildnis: Dort würde ein Meerschweinchen, das Krankheitsanzeichen zeigt, schnell von einem Beutegreifer erlegt oder hätte Nachteile in der Gruppe zu ertragen. Wie auch bei anderen Nagetieren ist es daher oft schon zu spät für eine erfolgreiche Behandlung, wenn ein Tier wirklich Symptome einer Krankheit zeigt.

Daher sollte man immer wieder (am besten täglich) auf Zeichen achten, die auf den Beginn einer Krankheit hinweisen. Entscheidend sind dabei vor allem folgende Punkte:

Tägliche Kontrolle

- Sind alle Meerschweinchen sauber, geputzt und frei von Verletzungen oder Auffälligkeiten, die auf Krankheiten hinweisen könnten?
- Kommen alle bei der Fütterung zur Futterstelle und fressen mit Appetit?
- Gehen alle Meerschweinchen ihren typischen Tätigkeiten nach?

Für einen genaueren Check, der in regelmäßigen Abständen – am besten wöchentlich – durchgeführt werden sollte, müssen die Meerschweinchen nacheinander eingefangen werden. Daher kann man den Gesundheits-Check auch unauffällig mit einer Portion Streicheleinheiten verbinden. Bei einem genaueren Gesundheits-Check sollten folgende Punkte genauer beäugt werden:

Gesundheits-Check

- Fell: Ist das Fell frei von kahlen Stellen und Schorf, glänzend, nicht struppig und auch zwischen den Haaren sauber?
- Augen: Sind die Augen klar, sauber und zeigen keinen unüblichen Ausfluss?
- Ohren: Sind die Ohren sauber sowie krusten- und schuppenfrei?
- Nase: Hat die Nase ihre natürliche Farbe, ist sie frei von Blut und zeigt sie keinen Ausfluss (feuchtes Fell unterhalb der Nase)?
- Maul/Zähne: Hat die Maulschleimhaut des Tieres ihre übliche Farbe, und zeigt das Meerschweinchen keinerlei Verletzungen, Entzündungen oder Schorf im Bereich des Maules? Stehen die Zähne in der typischen Anordnung und sind sie verfärbungsfrei? Ist die Zunge belagfrei? Gibt es keinerlei Ausfluss aus dem Maul (Fell unterhalb des Maules feucht)?
- Analregion: Ist die Analregion sauber? Gibt es keinerlei Anzeichen für Durchfall? Achten Sie auch auf frische Ausscheidungen der Tiere: Haben sie die normale Färbung und Konsistenz?
- Füße/Krallen: Sind die Füße verletzungsfrei, und haben die Krallen die richtige Länge?
- Gewicht: Kontrollieren Sie regelmäßig das Gewicht der Tiere, um Übergewicht (bzw. die Trächtigkeit) oder Unterernährung (z. B. durch Stress) festzustellen! Ein starker und plötzlicher Gewichtsverlust ist ein sehr ernstes Anzeichen für eine Krankheit oder auch Stress.
- Inneres: Fühlen Sie beim Abtasten Einschlüsse in der Haut oder Verhärtungen und Knoten im Bauch?

Weitere Anzeichen für Krankheiten können sich aus einem veränderten Verhalten ergeben, achten Sie also auch darauf! Wird eine solche Überprüfung regelmäßig durchgeführt, lassen sich Gesundheitsmängel schnell feststellen, sodass Sie den betroffenen Pflegling einem Tierarzt vorstellen können.

Haarfresser

Gesundheits-Check schon bei den ganz Kleinen: Ist die Analregion sauber?
Foto: A. Weber

Immer wieder kommt es vor, dass Meerschweinchen einander die Haare vom Leib fressen. Das liegt allerdings nicht – wie manchmal behauptet – an einer fehlenden Fellpflege. Dieses Verhalten kann nach derzeitigem Wissensstand mehrere Gründe haben. Meistens ist fehlendes Heu schuld an diesem Verhalten. Wenn Meerschweinchen dieses wichtige, rohfaserreiche Futter nicht bekommen, neigen sie oft dazu, stattdessen Haare von Artgenossen aufzunehmen. Dies hat nicht nur unschöne kahle Stellen zur Folge, sondern führt häufiger auch zu Problemen im Verdauungstrakt. Weitere Gründe für dieses anormale Verhalten können Stress bzw. ein dauerhaftes Unsicherheitsgefühl (z. B. durch fehlende Unterschlüpfe) bei den Tieren sein. Unruhige Exemplare scheinen sich durch dieses Verhalten zu beruhigen. Zudem kann Langeweile ein Grund für die Entstehung des Haarfresser-Syndroms sein.

Manchmal kommt es vor, dass nur ein Tier in einer Gruppe Haare frisst; man erkennt es dann daran, dass es das einzige Individuum ist, das noch lange Haare besitzt. Dies liegt – wenn alle Tiere die Möglichkeit haben, Heu zu fressen – in der Regel wohl daran, dass dieses Tier eine geringere (wahrscheinlich genetische) „Schwelle“ zum Haarfressen besitzt. Viele Halter berichten, dass dieses Verhalten auch bei Abstellen möglicher Ursachen trotzdem ein Leben lang weitergeführt wird. Sorgen Sie also von vornherein dafür, dass die Tiere eine optimale Versorgung mit Heu und Beschäftigungsmöglichkeiten haben!

Meerschweinchen im Alter

Meerschweinchen werden alt – älter, als so mancher Halter glauben mag: Eine Lebensspanne von über 15 Jahren wird angegeben. Dieses Alter erreichen Meerschweinchen natürlich nur bei optimaler Haltung, und die fängt nicht erst an, wenn die Nager acht, zehn oder zwölf Jahre erreicht haben. Nur wenn Meerschweinchen stets eine vollwertige Ernährung, tiergerechte Haltung und Vergesellschaftung sowie Beschäftigungsmöglichkeiten hatten, kann dieses Alter erreicht werden.

Der Halter erkennt in der Regel einige Veränderungen bei alternden Meerschweinchen: So nimmt die Leistungsfähigkeit von Sehkraft und häufig auch Gehör ab, das Fell wird vielfach stumpfer oder lichter. Oft handelt es sich beim Verlust des seidigen Glanzes um eine ganz normale Alterserscheinung, die hormonelle Ursachen hat. Manche ältere Meerschweinchen bekommen z. B. auch infolge von Haarausfall ein dünneres Fell. Es kann aber auch sein, dass stumpfes Fell dadurch bedingt ist, dass sich ältere Meerschweinchen weniger putzen als jüngere. In der Regel ergeben sich dadurch allerdings keine Hygieneprobleme – wenn es juckt, reinigen sich die Meerschweinchen von selbst. Lediglich bei Meerschweinchen, die altersbedingte Probleme am Rücken bekommen haben (in

Nur keine Hektik: Ältere Tiere sind gemütlicher, manche bekommen ein stumpfes Fell. Foto: C. Ehrlich

diesem Fall besteht auch eine gesteigerte Gefahr von Parasitenbefall!), muss der Halter ggf. eingreifen und mit kleinen Bürsten die Körperhygiene unterstützen. Bei Tieren mit Rückenleiden fallen häufig eine unsaubere bzw. verfettete Schulter- oder Rückenpartie auf. Das Leben älterer Meerschweinchen wird insgesamt etwas „gemächlicher", sie schlafen mehr und zeigen weniger Interesse an neuen Gegenständen und am Freilauf. Neue Gegenstände im Gehege sollten nun ohnehin nur im Notfall eingebracht werden, da ältere Meerschweinchen ggf. Probleme mit der neuen Einrichtung haben, weil sie sich daran nicht mehr gewöhnen und z. B. dagegenlaufen. Vor allem Gegenstände, die Stürze auslösen könnten, dürfen nicht in das Gehege eingebracht werden!

Tipp: Ältere Meerschweinchen beim Tierarzt

Fahren Sie mit Ihrem älteren Meerschweinchen nur zum Tierarzt, wenn es absolut nicht anders zu machen ist! Fang und Transport sowie die ungewohnte Umgebung der Praxis lösen großen Stress bei den Tieren aus, der in seltenen Fällen sogar zum Tod führen kann. Wenn der Tierarzt Hausbesuche macht, ist dies sicherlich die bessere Lösung.

Auffällig ist zudem, dass die Tiere in der Regel deutlich stiller werden. Sehr typisch ist auch ein vermehrter Drang, in der Sonne zu liegen und zu dösen, wenn die Meerschweinchen dazu die Möglichkeit haben, z. B. in einem halb beschatteten Käfig. Mit diesem geänderten Verhalten geht natürlich eine weitere typische Altersentwicklung einher: Da sich die Meerschweinchen weniger bewegen, nehmen sie häufig langsam und unbemerkt zu. Da ist es praktisch, wenn der Halter das Gewicht seiner Meerschweinchen genau kennt, weil er z. B. beim regelmäßigen Gesundheits-Check (s. o.) die Tiere wiegt. Eine leichte Steigerung des Gewichts um 10–20 % ist im Lauf der Jahre (nicht plötzlich!) nicht untypisch und sollte den Tieren gewährt werden. Bei größeren Gewichtssteigerungen jedoch sollte der Halter einschreiten und vorübergehend eine Diät verordnen, z. B. basierend auf viel gutem Heu und Grünzeug. Zusätzlich kann es sinnvoll sein, älteren Meerschweinchen (ab ca. dem 6. Lebensjahr) vermehrt Vitamine und Mineralstoffe zuzuführen, da der Bedarf steigt bzw. die Aufnahmefähigkeit des Körpers sinkt. Sprechen Sie über dieses Thema mit Ihrem Tierarzt.

Im Alter werden Meerschweinchen – wie fast alle Tiere – anfälliger gegenüber Krankheiten. Dies liegt u. a. daran, dass die Leistungsfähigkeit des Immunsystems abnimmt. So werden Meerschweinchen insbesondere für Erkältungen empfänglich. Bei älteren Meerschweinchen sollte also ganz besonders darauf geachtet werden, dass kein Zugwind entsteht. Ein weiteres Problem bei älteren Meerschweinchen ist Kälte. Dies liegt daran, dass die Tiere durch die ggf. herabgesetzte Leistungsfähigkeit des Blutkreislaufs schneller auskühlen. Folgen können z. B. Nierenschäden sein. Älteren Meerschweinchen sollte also ein „warmes Plätzchen" in der Wohnung gegönnt werden, an dem keine großen Temperaturveränderungen auftreten. Ein Freilauf z. B. über kalte Fliesen ist natürlich ebenfalls zu vermeiden.

Zähmen und Spielen

Für ein Leckerchen tun Meerschweinchen fast alles. Fotos: C. Ehrlich

Für viele Halter von Meerschweinchen ist ein wichtiges Ziel, ihre Tiere möglichst zahm zu bekommen. Dies funktioniert allerdings nicht von alleine. Zwar sind viele Meerschweinchen, vor allem wenn sie aus einer liebevollen Wohnungsaufzucht stammen, normalerweise von Jungtierbeinen an Menschen gewöhnt, trotzdem ist es manchmal gar nicht so einfach, Meerschweinchen zu zähmen, und es bedarf manchmal viel Zeit und Geduld von Seiten des Halters.

Eine Zähmung seiner Tiere kann aus vielerlei Gründen ein wichtiges Ziel des Halters sein. Natürlich möchte er nicht gebissen werden, sobald er das Meerschweinchen anfasst. Dies kommt bei diesen Nagern allerdings auch nur recht selten vor. Allerdings gibt es durchaus Tiere, die beim Hochnehmen quietschen, was das Zeug hält, und wild strampeln. Abgesehen davon, dass auch Meerschweinchen-Krallen ganz ordentliche Wunden zur Folge haben können, ist dieses Verhalten wenig zweckdienlich, z. B. wenn es um eine tierärztliche Untersuchung geht. Es ist natürlich viel einfacher für den Halter oder Tierarzt, wenn das Meerschweinchen ganz ruhig auf der Hand sitzt, während und den Gesundheits-Check über sich ergehen lässt. Noch wichtiger aber: Ein im Umgang mit Menschen „geschultes" Tier hat bei einer solchen Untersuchung auch viel weniger Stress – bei wenig zahmen Exemplaren können durch einen solchen Stress durchaus gesundheitliche Komplikationen entstehen (s. „Gesunderhaltung und Krankheiten", S. 162).

Dass im vorigen Satz der Begriff „geschult" steht, ist durchaus Absicht: Es geht beim Zähmen nämlich wirklich darum, den Meerschweinchen etwas beizubringen! Zunächst müssen sie natürlich lernen, dass vom Menschen keine Gefahr ausgeht. Das ist gar nicht so einfach für Fluchttiere wie Hausmeerschweinchen, denn der Mensch wirkt auf sie – schon allein wegen seiner Größe – wie ein Feind. In den ersten Tagen nach dem Einzug der neuen Meerschweinchen ist es daher wichtig, dass die Tiere – nachdem sie ihre neue Umgebung kennen gelernt haben – zu ihrem Halter Vertrauen aufbauen. Wie dies geht, lesen Sie im Kapitel „Eingewöhnung" auf S. 54. Erst wenn ein Meerschweinchen ruhig genug ist, vor dem Menschen nicht wegzulaufen oder sogar von seiner Hand zu fressen, kann die weiterführende Zähmung beginnen. Besonders großen Spaß macht es natürlich vor allem Kindern, mit ihren Meerschweinchen zu spielen. Wenn beim Spielen auf die Bedürfnisse der Tiere genommen wird und Sie einige Vorsichtsmaßnahmen treffen, kann das Herumtollen mit dem Halter auch für die Tiere eine Freude sein, denn Abwechslung und zusätzliche Bewegung in Maßen schaden natürlich nie. Grundvoraussetzung für jegliches Spiel mit dem Tier ist jedoch, dass es absolut zahm ist.

Handzahme Meerschweinchen

Erstes Ziel beim Aufbau einer Mensch-Meerschweinchen-Beziehung ist es meist, die Tiere handzahm zu bekommen. Dabei darf der Halter zwei Punkte nie vergessen: Das Zähmen von Meerschweinchen braucht Zeit und Ruhe (Erfolge sind manchmal erst nach Tagen oder Wochen zu sehen), und man kann nichts erzwingen. Bauen Sie nach und nach in kleinen Schritten und mit Hilfe von Belohnungen ein Vertrauensverhältnis zu den Tieren auf!

Viele junge Meerschweinchen sind – je nach Herkunft – sehr neugierig und suchen geradezu den Kontakt zum Menschen. Solche Tiere sind häufig schon nach wenigen Tagen so weit an den Halter gewöhnt, dass sie nicht mehr in ihr Versteck flüchten, sobald jemand den Raum betritt, oder bereits erste Leckerchen aus der Hand ihres Besitzers fressen. Hierauf kann man die weiterführende Zähmung aufbauen.

Manche Meerschweinchen-Babys suchen den Kontakt zum Menschen.
Foto: C. Ehrlich

Bei älteren Tieren, vor allem natürlich Individuen aus schlechter Haltung, sowie auch bei wenigen Jungtieren kann die erste Gewöhnung an den Menschen schwieriger sein. Es kommt darauf an, wie die Tiere Menschen bisher kennen gelernt haben. Wurden sie bisher ausschließlich zum Einfangen angefasst und dabei vielleicht sogar durch das Gehege gejagt, ist es nicht ganz einfach, eine Vertrauensbasis herzustellen. Nehmen Sie sich gerade bei solchen Tieren viel Zeit, um leise auf sie einzureden und Ihre Hand – ggf. garniert mit einem Leckerchen – lange ruhig ins Gehege zu legen. Nach einiger Zeit siegt bei den Tieren häufig doch die Neugier, und die erste Angst ist damit gebrochen. Versuchen Sie in solchen Momenten nicht, das Meerschweinchen sofort auch anzufassen und zu streicheln, dies sollte erst nach ein oder zwei Wochen erfolgen, wiederum Schritt für Schritt.
Bitte beachten Sie vor allem in dieser sensiblen Phase des Vertrauensaufbaus, dass in der Zeit, in der Sie sich mit den Meerschweinchen beschäftigen, keine plötzliche Störung auftreten kann. Es wäre fatal, wenn gerade in dem Moment, in dem das Meerschweinchen zum ersten Mal an der Hand des Halters schnüffelt, das Telefon schellt oder ein Fremder den Raum betritt. Das würde den Zähmungsprozess stark beeinträchtigen, denn in diesem Fall verbindet das Meerschweinchen die Hand des Halters mit einer ungewohnten, plötzlichen Störung, die es als Gefahr interpretiert. Auch für den Halter gilt: Behalten Sie die ganze Zeit in der Nähe des Käfigs Ruhe, vermeiden Sie ruckartige oder plötzliche Bewegungen und laute Geräusche. So lächerlich es sich anhört: Ein Niesen im falschen Moment oder ein Wegzucken der Hand können die Zähmung stark beeinträchtigen – es kann nach so einem Vorfall Wochen dauern, bis man das Tier wieder an der gleichen Stelle hat.

Manchmal ein langer Weg: Zähmung hat mit Geduld zu tun! Foto: C. Ehrlich

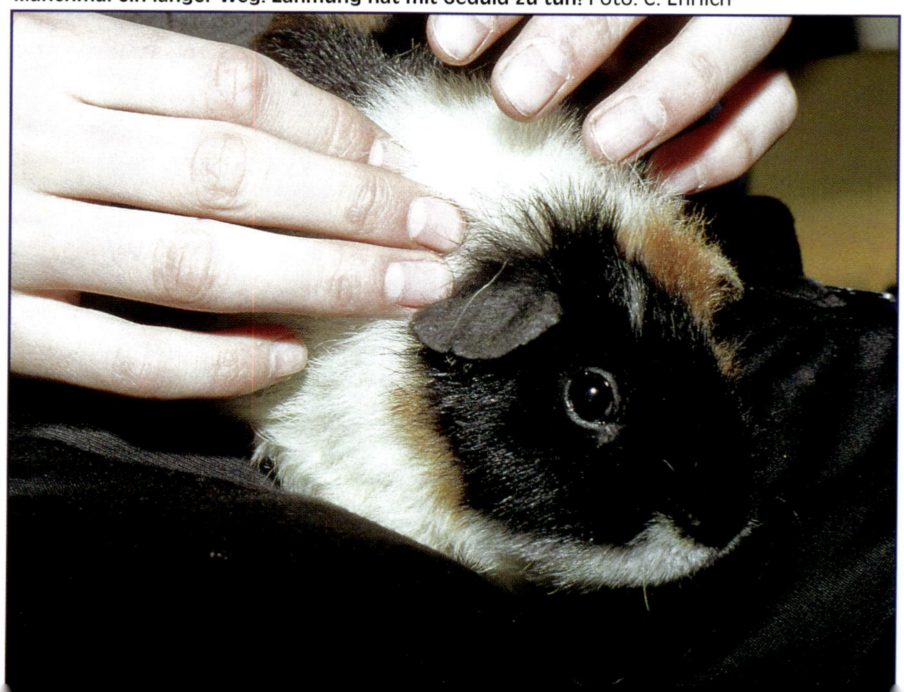

Liebe geht durch den Magen, das gilt auch bei Meerschweinchen. Daher hat die weitere Zähmung viel mit kulinarischen Belohnungen zu tun. Achten Sie dabei darauf, dass die Tiere nicht zu viele ungesunde Leckereien bekommen – normalerweise können Meerschweinchen auch mit leckerem Gemüse oder Wildkräutern belohnt werden (s. „Ernährung", S. 74).

Kommen die Meerschweinchen nach einiger Zeit bereits zur ins Gehege gelegten Hand des Halters und holen sich darauf platzierte Belohnungen ab, kann man langsam weitere Zähmungsschritte einleiten. Häufig legen Halter die Leckerchen Schritt für Schritt immer weiter Richtung Unterarm aus, sodass die Meerschweinchen irgendwann einmal einfach auf die Hand treten müssen, um heranzukommen. Später nutzt man dann beide Hände, bis das Tier letztendlich komplett auf beiden Händen steht. Hat ein Tier dies mehrere Male erfolgreich absolviert, kann es vorsichtig angehoben werden – nicht zu hoch, nur ein paar Zentimeter. Und beim ersten Mal auch nur kurz, damit das Meerschweinchen aufgrund des wackeligen Untergrunds keine Panik bekommt. Versuchen Sie dieses Prozedere mehrere Tage lang, bis Sie das Tier endgültig hochnehmen können. Ist dies geschafft, reden Sie ganz leise und ruhig mit ihm und belohnen Sie es am besten noch einmal extra. Über einige Wochen kann so selbst ein sehr scheues Tier an das Hochnehmen gewöhnt werden. Wichtig: Versuchen Sie gerade in dieser Zeit niemals, das Meerschweinchen einzufangen oder zu greifen und vermeiden Sie die „Greifvogelrolle", greifen Sie also möglichst nie von oben in das Gehege. Dies alles würde den Erfolg der Zähmung in Frage stellen.

Sitzt das Tier ruhig auf der Hand oder auf dem Schoß und hat sich an diese neue Situation gewöhnt, kann der Halter versuchen, es behutsam zu kraulen, z. B. hinter den Ohren. Aber nur solange das Tier dies auch will. Zur Unterstützung können die Meerschweinchen auch im Käfig vorsichtig gekrault werden, wenn sie das zulassen. Sie dürfen aber natürlich nie dazu gezwungen oder sogar in Ecke getrieben werden. Hier muss man wie beim Hochnehmen in kleinen Schritten arbeiten.

Tipp: Zähmen mit Geduld

Manchmal kann es durchaus einige Zeit dauern, bis bestimmte Meerschweinchen das Anfassen durch ihren Halter zulassen, verlieren Sie also nicht die Geduld!

Aber keine Angst: Meerschweinchen lernen eigentlich ganz schnell, und mit etwas Zeit und Geschick werden normalerweise alle Individuen handzahm. Allerdings gibt es einige – meist ältere oder ausgesetzte – Exemplare, die sich nur ungern greifen und hochheben lassen. Wenn nichts hilft, muss man einem solchen Tier seine „Phobie" lassen und sich darauf einstellen. Es kann genauso schön sein, ein Meerschweinchen zu streicheln, das vor seinem Halter auf dem Boden sitzt, es muss ja nicht unbedingt auf den Schoß dafür.

Bevor man nun an weitere Schritte der Erziehung denkt, sollte das entstandene Vertrauen weiter gefestigt werden. Warten Sie mit weiteren Lektionen also lieber noch etwas – Sie werden schon merken, wann Ihr Meerschweinchen sicher genug ist, um mehr zu lernen.

Meerschweinchen-Erziehung

Je früher mit der Erziehung begonnen wird, desto besser. Foto: A. Weber

Meerschweinchen können durchaus weit über eine „normale" Handzahmheit hinaus erzogen werden. Das Gerücht, Meerschweinchen seien „dumm" und könnten nicht so recht lernen, stimmt nämlich ganz und gar nicht. Nur benötigt der Halter eben eine gewisse Konsequenz und das Verständnis, wie Meerschweinchen an passender Stelle belohnt werden können. Das Wichtigste ist nämlich, dass die Belohnung von dem Tier in direkten Zusammenhang mit einem Verhalten gebracht wird. Es ist also nicht sinnvoll, sein Meerschweinchen ständig mit Leckereien „abzufüllen", denn dann sind diese als Belohnung bei der Erziehung auch nichts Besonderes mehr. Ebenso wichtig ist es, die Belohnung sofort (!) nach oder noch besser während des Verhaltens zu geben. Einige Sekunden später verbindet das Tier die Belohnung vielleicht schon mit etwas ganz anderem. Also: Wenn das Tier etwas „richtig" macht, sofort leise und freudig mit ihm reden und schnell ein Leckerchen reichen – so kann man ganz enorm viel erreichen! Erst später, wenn sich Ihre Schützlinge längst an das Erlernte gewöhnt haben, kann man dazu übergehen, nicht jedes Mal zu belohnen.

Es ist wirklich erstaunlich, was Meerschweinchen mit dieser Methode und etwas Geduld lernen können. Es gibt Tiere, die „bei Fuß" durch die Wohnung gehen, sich auf Zuruf auf die Seite legen oder ihrem Halter durch Pfeifen antworten, wenn dieser

ihren Namen ruft. Das häufigste Verhalten, das Meerschweinchen beigebracht wird, ist das Kommen auf Zuruf. Denn wer wünscht sich nicht, dass das eigene Meerschweinchen auch seinen Namen lernt? Wenn auch Sie dieses Ziel haben, achten Sie darauf, dass die Namen Ihrer Tiere nicht zu ähnlich klingen, denn sonst kommen ja alle, wenn sie einen Namen rufen. Sollten die Namen z. B. alle auf „i" enden, können die meisten Meerschweinchen sie nicht mehr auseinander halten.
Meerschweinchen verständigen sich zu großen Teilen akustisch, da liegt es nahe, auch bei der Erziehung Laute einzusetzen. Nicht nur der Name kann genutzt werden, sondern auch mehrere andere „Befehle", auf die das Tier reagiert, weil es gelernt hat, dass es dann häufig eine Belohnung gibt. Wir haben Meerschweinchen erlebt, die bei „Komm auf den Schoß" tatsächlich auf den Schoß der Halterin hüpften. Und das ist keine Ausnahme. Um die Verbindung zwischen Verhalten und Belohnung noch enger zu gestalten, kann man bei Meerschweinchen auch mit Clickertraining arbeiten. Dabei lernen die Tiere, dass es nach dem Ertönen eines Klickgeräusches eine Belohnung gibt. Mit der Zeit arbeiten sie daran, das Klicken möglichst oft ertönen zu lassen (Meerschweinchen sind eben nicht blöd). Dies nutzt der Halter bei der Erziehung und klickt immer dann, wenn das Tier das gewünschte Verhalten zeigt. Das Geräusch kann viel genauer eingesetzt werden als z. B. ein Stückchen Gurke. Ohne die Belohnung danach geht es aber trotzdem nicht! Mehr zum Thema „Clickertraining" finden Sie im Internet.

Tipp: „Bestrafungen"

Bestrafungen (Anschreien, vorsichtiges Schütteln etc.) dürfen bei der Meerschweinchenerziehung nur äußerst selten eingesetzt werden. Wir raten dazu, ausschließlich dann zu diesem Mittel zu greifen, wenn es um Leben und Tod bzw. extreme Gefahren für das Meerschweinchen geht. Wenn es nicht anders geht, muss der Halter eine Art der „Strafe" finden, die dem Tier zwar nicht recht ist, ihm aber auch nicht schadet und für das Tier keinen Zusammenhang mit dem Halter herstellt. Es wäre also falsch, das Meerschweinchen jedes Mal, wenn es ein „Geschäft" auf dem Teppich verrichtet hat, in den Käfig zu sperren. Denn dann sind der Halter, der es ja einfängt, und der Käfig plötzlich die Bestrafungen – und es wird sie zukünftig natürlich versuchen zu meiden.

Eine kleine Geschichte soll verdeutlichen, wie sehr Meerschweinchen nach Geräuschen lernen: Eine Halterin musste ihre zwei Tiere bei einem Freund in Pflege geben, weil eine längere Auslandsreise anstand. Als sie nach drei Monaten zurückkam, ließen die Tiere immer dann ihr Bettelrufen ertönen, wenn die Melodie zum Beginn der Fernsehwerbung lief. Kein Wunder: Immer dann war ihr Pfleger wohl aufgestanden, um frisches Grünzeug in den Käfig zu legen. Wie beim Clickertraining war die Werbemelodie also ein „Belohnungston" für die Meerschweinchen geworden.
Häufig werden wir gefragt, ob Meerschweinchen stubenrein werden, und dazu haben Sie ja oben schon einiges gelesen. Theoretisch ist das durchaus möglich, jedoch längst nicht so einfach zu erreichen wie bei Kaninchen oder Ratten. Meerschwein-

chen sind so genannte Dauerausscheider, sie geben also über den ganzen Tag verteilt kleine Kotpellets ab. Daher müsste der Halter dem Tier beibringen, für jedes dieser vielen „Geschäfte" an einen bestimmten Platz im Käfig oder in der Wohnung zu gehen. Dass es da keine hundertprozentige Stubenreinheit geben kann, sollte wohl klar sein. Aber es ist durchaus möglich, durch gezielte Belohnung auch dieses Verhalten zu fördern und somit zumindest eine gewisse Stubenreinheit zu erreichen. Nur bitte bestrafen Sie Ihr Tier niemals, nur weil es auf den teuren Teppich gekotet hat!
Viele Halter nutzen ein lautes „Nein" als Strafe – das funktioniert, ist aber nicht ideal, denn ein Geräusch, dass das Tier nicht direkt mit dem Halter (bzw. seiner Stimme) in Verbindung setzt, wäre besser. Lautes In-die-Hände-Klatschen erfüllt diesen Zweck beispielsweise. In besonderen Fällen kann auch eine Blumenspritze zum Einsatz kommen – das Tier wird nicht realisieren, dass der Halter am Druckhebel für den plötzlichen Wasserspritzer verantwortlich ist. Diese Methode darf aber nur in ausreichend temperierten Räumen und auch dann nur sehr selten genutzt werden! Bitte trocknen Sie das Tier später vorsichtig ab. Um es noch einmal ganz deutlich zu sagen: Normalerweise ist eine Erziehung gänzlich ohne Bestrafungen möglich und wünschenswert!
Noch eines zum Schluss: Meerschweinchen müssen verstehen können, was erlaubt ist und was nicht. Eine unsichtbare Linie quer durch ein Zimmer, die nicht übertreten werden darf, werden die Tiere nie akzeptieren; ist diese Linie jedoch durch eine kleine Leiste oder einen Klebestreifen markiert, kann dies mit sehr viel Geduld und Arbeit durchaus klappen. Und noch eines: Meerschweinchen lernen schnell, und dazu gehört auch, dass viele Tiere „Verbote" nur so lange einhalten, wie der Halter im Raum ist (und damit die Möglichkeit einer Belohnung besteht). Kaum hat man den Raum verlassen, scheinen alle Regeln vergessen ...

Probleme bei der Zähmung

Es ist natürlich viel einfacher, junge Meerschweinchen zu zähmen, aber auch „ältere Semester" können durchaus noch etwas dazu lernen – nur dauert das in der Regel etwas länger. Probleme bei der Zähmung treten meistens dann auf, wenn der Halter den Tieren zu wenig Zeit zum Lernen gibt oder zu viel fordert. Jedes Meerschweinchen hat seinen eigenen „Charakter", manche lernen begierig und schnell, andere eher zögerlich. Vielfach schauen sich zurückhaltendere Tiere lieber etwas bei Artgenossen ab, als selbst den direkten Lernprozess durchzumachen. In der Gruppe mit lerneifrigen Meerschweinchen fühlen sich gerade solche Tiere bei der Erziehung viel sicherer und machen häufig größere Fortschritte.
Manchmal zeigen Meerschweinchen aber auch bestimmte Verhaltensweisen, die sich nicht durch Belohnungen ändern lassen. Die Themen Stubenreinheit oder Hochnehmen sind zwei typische Beispiele. Während sich manche Tiere schon nach

wenigen Tagen ohne Probleme anfassen lassen, brauchen andere dafür Wochen oder gar Monate. Manche Tiere lernen nie, dass es ungefährlich ist, angehoben zu werden, und zappeln auch nach Jahren noch, weil sie Angst bekommen. Gründe für solch festgefahrene Verhaltensweisen liegen meist in der Vorgeschichte des Tieres. Ist ein Meerschweinchen beispielsweise dem Vorbesitzer beim Hochnehmen heruntergefallen und hatte abgesehen von dem Schock auch noch starke, vielleicht sogar anhaltende Schmerzen, so kann es sein, dass dieses Trauma ein Leben lang anhält. Bei der Stubenreinheit ist es anders. Hier liegt das Problem darin, dass Meerschweinchen offensichtlich nur sehr schwer eine Belohnung mit dem Ort ihres „Geschäftes" in Verbindung bringen. Anders als bei vielen Nagern mit festen Kotplätzen ist ein solches Verhalten in der Natur eben kaum vorhanden. Es kann immer wieder zu Problemen bei der Erziehung Ihres Meerschweinchens kommen. Jedes einzelne Tier hat individuelle „Lerngrenzen", die trotz aller Bemühungen nicht überschritten werden können. Akzeptieren Sie solche Grenzen nach einiger Zeit des Versuchens einfach. Nicht jedes Meerschweinchen muss „bei Fuß" laufen – liebenswert sind die Tiere aber trotzdem alle!

Ihre Angst vorm Hochheben verlieren manche Meerschweinchen nie. Foto: C. Ehrlich

Meerschweinchen brauchen Beschäftigung

Neben Freilauf in der Wohnung oder dem Ausflug in den Garten kann das Spielen mit Meerschweinchen eine gute Möglichkeit sein, den südamerikanischen Nagern zusätzliche Beschäftigung zu bieten. Dabei unterscheidet sich das Spiel von dem bei Hunden oder Katzen ganz deutlich. Meerschweinchen werden keinen Ball apportieren oder wild auf dem Sofa nach einer Stoffmaus jagen. Spielen bedeutet bei diesen Nagern vielfach, den Tieren neue Anregungen zu geben, wobei der Halter selbst manchmal gar nicht in Interaktion mit den Tieren tritt. Besonderes Interesse erregen bei Meerschweinchen nämlich unbekannte Gegenstände. Viele Halter haben daher eine Sammlung an Ästen, Steinen, Kistchen usw. vorrätig, die – mal mit Futter gespickt und mal ohne – in das Gehege gestellt werden können (s. Hinweise im Kapitel „Ausstattung"). So sorgt man für Beschäftigung und fördert die Neugier der Tiere.

Beim Entdecken neuer Gegenstände haben Meerschweinchen besonders viel Spaß.
Foto: C. Ehrlich

Bei Meerschweinchen ist Spielverhalten nicht so häufig wie bei anderen Haustieren und vor allem deutlich weniger auffällig. Wenn ein Meerschweinchen auf den Schoß des Halters oder eine Rampe heraufklettert, so ist dies eine gewisse Art von Spielen. Manche Tiere stupsen auch gerne einen Holzball durch die Gegend oder spielen mit aufgehängtem Futter. Wie auch immer: Wichtigstes Ziel ist in jedem Fall, den Meerschweinchen zu mehr Bewegung und auch etwas Abwechslung zu verhelfen.

Eines ist vor allem dann zu bedenken, wenn Kinder mit den Tieren spielen: Meerschweinchen sind Lebewesen mit einem eigenen Kopf, die eben nicht alles machen, was der Mensch sich manchmal so ausdenkt. Bitte „verkleiden" Sie Ihre Meerschweinchen nicht mit Hüten oder Hosen – es sind keine Puppen! Und im Fall des Falles können Meerschweinchen in solchen Fällen sogar beißen, wenn es ihnen zu viel wird – dann kann man mit der Zähmung wieder fast von vorne anfangen. Achten Sie daher stets auf den Umgang mit Ihren Tieren, vor allem, wenn Kinder dabei sind.

Auch wenn es noch so niedlich ist und den Menschen eventuell sogar viel Spaß macht: Veranstalten Sie niemals „Gruppennachmittage", bei denen Tiere von mehreren Haltern zusammengesetzt werden! Für die Meerschweinchen bedeutet so etwas absoluten Stress, denn sofort beginnen die Tiere, eine neue Rangordnung festzulegen – das passiert oft für den ungeübten Beobachter völlig unbemerkt, vor allem unter Weibchen. Und noch eine weitere Gefahr lauert, und die kann tödlich enden: Meer-

In Bodengehegen lassen sich wunderbare Wohnlandschaften für Meerschweinchen gestalten. Foto: C. Ehrlich

schweinchen verschiedener Herkunft tragen auch unterschiedliche Bakterien oder Viren mit sich. Dies schadet den Tieren nicht weiter, denn sie sind dagegen immun – andere Meerschweinchen aber u. U. nicht. Das Zusammentreffen mit anderen Meerschweinchen kann also zu schweren Erkrankungen bei den Tieren führen (s. „Gesunderhaltung und Krankheiten", S. 162), weswegen man auf solche „Gruppentreffen" verzichten sollte.

„Sportstunde" und Action-Spielplatz

Es macht wirklich Spaß, seinen Meerschweinchen in der Wohnung einen kleinen Action-Spielplatz einzurichten, der ein- oder zweimal in der Woche aufgebaut wird und in dem die Tiere dann nach Herzenslust umhertollen können. Netter Nebeneffekt: Im Gegensatz zu einer „normalen" Wohnung finden die Tiere hier ausreichend Anregungen, um sich wirklich viel zu bewegen und nicht nur eine Runde zu drehen und sich dann unter den Schrank, auf den Teppich oder auf den Schoß zu legen. Ein tiergerecht errichteter Spielplatz bedeutet für die Nager viel Spaß und sportliche Ertüchtigung – und auch der Mensch hat sicherlich Gefallen an dem lustigen Treiben während dieser etwas anderen Sportstunde.

Für einen solchen Spielplatz müssen natürlich erst einmal alle Vorkehrungen getroffen werden, die auch für einen ganz normalen Freilauf gelten. Ist der Raum sicher,

Häuschen, Steine und Rampen, das bringt Abwechslung in den „Schweinchenstall“. Foto: D. Laux

Tipp: Sicherheit auf dem Spielplatz

Sicherheit wird natürlich auch auf einem solchen Spielplatz groß geschrieben. Achten Sie immer darauf, dass nichts umfallen kann, die Tiere niemals tief stürzen oder das Gleichgewicht verlieren können und dass keine Spalten oder Löcher vorhanden sind, in denen sich die Tiere klemmen oder einquetschen könnten. Natürlich muss auch beim Bau darauf geachtet werden, dass nirgends scharfe Kanten oder Nägel hervorstehen, an denen sich die Tiere verletzen können. Bei vielen Haltern hat es sich bewährt, eine Decke unter den gesamten Spielplatz zu legen – so leidet der Fußboden nicht, und wenn ein Tier doch einmal von einem Häuschen abgleitet, dann fällt es weich.

kann nun der Fantasie fast freier Lauf gelassen werden. Allerlei Häuschen, Papp- und Holzkisten, feste Rampen und andere Klettermöglichkeiten (halbierte Baumstämme etc.), Hängematten, bewegliche Spielzeuge, kleine Kisten mit versteckten Leckerbissen, ein Topf mit frischem Gras, eine Buddelkiste mit Torf und Sand, an Leinen aufgehängtes Gemüse (nach dem sich die Tiere strecken müssen), Papp- oder Tonröhren u. v. m. können in immer neuer Kombination aufgebaut werden.

Grundsätzlich kann man durch kleine Tricks die Futteraufnahme für die Meerschweinchen etwas spannender gestalten. Um Ihre Meerschweinchen für sportliche Aktivitäten zu begeistern, hängen Sie einige kleine Gemüse- oder Obststückchen mit einem kleinen Seil in den Käfig oder an die Käfigdecke. Um an das Futter zu kommen, müssen sich die Tiere nun etwas anstrengen. Stellen Sie beispielsweise den

Pappkisten mit Schlupflöchern und aufgehängtes Gemüse sorgen für Beschäftigung bei Meerschweinchen. Foto: D. Laux

Futternapf einfach einmal auf das Häuschen, dann müssen Ihre Tiere zum Fressen heraufklettern und sich ihr Futter somit „verdienen".

Auf einem solchen Abenteuerspielplatz herrscht immer reges Treiben, und es ist eine große Freude, die Vierbeiner bei ihrem Tun zu beobachten. Es ist erstaunlich, wie geschickt Meerschweinchen beim Klettern sind oder wie ausgelassen sie mit Holzbällen spielen. Aber auch hier gilt: Kein Spaß ohne Aufsicht! Bleiben Sie immer dabei, wenn Ihre Tiere auf dem Spielplatz sind, damit Sie gleich eingreifen können, wenn etwas passiert.

Übrigens ist es völlig normal, dass Meerschweinchen dieses Angebot sehr unterschiedlich annehmen. Manche Tiere toben schon nach Minuten wild über den Spielplatz, andere benötigen erst einmal eine Gewöhnungsphase, und manche spielen ohnehin viel weniger als die Artgenossen. Es gleicht eben kein Meerschweinchen dem anderen. Seien Sie also nicht enttäuscht, wenn Ihre Tiere nicht jedes Angebot nutzen!

Wenn Sie Ihren Tieren z. B. aus Sicherheitsgründen keinen ganzen Raum zur Verfügung stellen möchten, dann empfehlen wir Ihnen einen zusammenklappbaren Auslauf. Den kann man sich ganz leicht aus Sperrholzbrettern und Klebeband selbst basteln.

Zucht

Das „Haustier Meerschweinchen" entstand bereits vor etwa 3.000–6.000 Jahren im südamerikanischen Andengebiet, wo es von der einheimischen Bevölkerung gehalten wurde. Im Laufe der Domestikation vom Wild- zum Haustier entstanden wohl nach einiger Zeit die ersten Farbvarianten durch spontan in Erscheinung tretende Mutationen. Die Art und Weise der Haltung der ersten Meerschweinchen in den Hütten der Ureinwohner forcierte wahrscheinlich das Auftreten solcher Genveränderungen, denn die Tiere wurden in kleinen Gruppen in Verschlägen oder Gruben gehalten, in denen kaum ein Tieraustausch stattfand. An Inzuchtvermeidung dachte zu dieser Zeit freilich niemand, obwohl Meerschweinchen auch damals schon hoch geschätzt waren – wenn auch als Fleischquelle und weniger als hübsches Heimtier.
Im 16. Jahrhundert entdeckten die spanischen Eroberer diese Haustiere bei den Inkas und brachten sie, genau wie einige niederländische Händler, bei ihrer Rückkehr nach Europa als Spielgefährten für ihre Kinder mit. Schon damals gab es mehrere Farb-

Ein Traum vieler Halter: Nachwuchs bei den eigenen Meerschweinchen Foto: C. Ehrlich

Eine gute Planung ist das A und O bei der Vermehrung.
Foto: C. Ehrlich

varianten in Südamerika, und auch gescheckte Meerschweinchen waren schon bekannt. Von Letzteren opferten die Ureinwohner übrigens regelmäßig einige dem Sonnengott; aufgrund ihrer besonderen Farbigkeit waren sie für diesen hohen Dienst prädestiniert und endeten somit in der Regel nicht als „normaler“ Sonntagsbraten.

In Europa entwickelten sich die Nager derweil sehr schnell zu einem der beliebtesten Heimtiere. Ein Grund dafür ist mit Sicherheit, dass die Nager schon zu diesem Zeitpunkt eine recht große – in Südamerika erzüchtete – Farbvielfalt aufwiesen. Bei der Entwicklung von Fellvarianten, nach denen heute die Rassemeerschweinchen im Standard unterschieden werden, war es wohl ähnlich, auch wenn aus dieser Zeit nur spärliche Informationen vorliegen.

Heute möchten viele Halter zumindest einmal im Leben Nachwuchs bei ihren Meerschweinchen haben, bei anderen – den Züchtern – ist die gezielte Zucht zum zentralen Ziel der Tierhaltung geworden. Immer wieder wird über den Sinn der Nachzucht solcher Heimtiere diskutiert, von denen es Hunderte in deutschen Tierheimen gibt. Natürlich kann man die Zucht von Meerschweinchen so oder so sehen. Wir möchten hier jedoch alles Wissenswerte zu diesem Thema kurz vorstellen, schon alleine, damit sich jeder selbst ein Bild machen kann und die nötigen Daten für eine vielleicht angestrebte Zucht hat.

Das Wichtigste bei der Vermehrung von Meerschweinchen ist mit Sicherheit eine gewisse Planung. Denn nichts ist schlimmer als eine „zufällige“ Vermehrung, bei der die Halter überrascht oder gar überfordert sind und das Muttertier eventuell sogar zu jung ist. Ähnlich problematisch kann es werden, wenn aus Nichtwissen Rassen miteinander verpaart werden, bei denen dadurch in der Folgegeneration Geburtsprobleme oder sogar (reinerbige) Gen-Schädigungen (bis hin zu Totgeburten oder Resorbierungen im Mutterleib) auftreten können. Daher unser Rat: Informieren Sie sich bitte vor (!) der Verpaarung zweier Meerschweinchen genau durch Fachliteratur wie dieses Buch, Gespräche mit erfahrenen Haltern und im Internet. Die großen Meerschweinchen-Zuchtvereine bieten reichlich Informationsmaterial für Interessierte!

Süße Praxis, trockene Theorie: Zucht hat auch immer mit Genetik zu tun. Foto: C. Ehrlich

Kleine Meerschweinchen-Genetik

Jeder Halter, der sich mit der Zucht von Meerschweinchen beschäftigt, sollte einige Grundbegriffe der Vererbung kennen. Wir möchten hier eine – sehr kurz gehaltene – Einführung in diese komplizierte Materie geben und empfehlen zur „Weiterbildung“ in Sachen Zuchtgenetik die einschlägigen Fachbücher zu diesem Thema. Als Genom bezeichnet man die Gesamtheit der Erbanlagen eines Individuums. Diese Erbanlagen oder Gene liegen – vereinfacht gesagt – hintereinander gereiht auf den Chromosomen in jedem Zellkern und speichern alle Informationen, die für den Organismus wichtig sind. Mit jeder Zellteilung werden identische Kopien aller Gene an die Tochterzellen weitergegeben. Nager sind, wie auch wir Menschen, diploid, d. h. in jeder Körperzelle liegt das gesamte Genom (und damit auch die Chromosomen) doppelt vor. Daher auch der Begriff „doppelter Chromosomensatz“.

Nur eine Ausnahme gibt es: Der Zellkern der Keimzellen, also der Eizellen und Spermien, enthält alle Erbanlagen nur einmal: Diese Zellen sind haploid. Diese Reduktion ist auch nötig, denn durch die spätere Verschmelzung von Spermium und Eizelle ist die neue Zelle ja wieder diploid. Vom Vater erhält der entstehende Nachkomme über das Spermium jeweils eine Kopie der Erbanlagen, von der Mutter über die Eizelle ebenso. Zusammen ergibt sich wieder ein Organismus, in dem jede Erbanlage doppelt vorliegt und der somit lebensfähig ist.

Jeder Nachkomme erhält also jede Information für ein Merkmal einmal vom Vater und einmal von der Mutter. Diese beiden Ausgaben eines Gens nennt man Allele. Sind beide Allele eines Gens gleich, so ist das Tier reinerbig oder homozygot für ein bestimmtes Merkmal. Weisen die Allele Unterschiede auf, so spricht man von mischerbigen oder heterozygoten Tieren. Dabei ist wichtig, dass diese Bezeichnung immer nur für ein Gen und damit ein Merkmal gilt, das diese beiden Allele codieren. Ein Meerschweinchen, die homozygot für schwarz ist, wird im Normalfall für die meisten anderen Gene heterozygot sein, wie etwa für die Gene, die die Länge des Tieres oder die Größe der Lunge bestimmen. Von einem „homozygoten Meerschweinchen" zu sprechen, ist also eigentlich unkorrekt.

Die genetische Ausstattung eines Tieres nennt man Genotyp. Zudem gibt es natürlich den Phänotyp, der die äußere Erscheinung des Nager beschreibt und nicht unbedingt mit dem Genotyp „übereinstimmen" muss. Wie der Begriff es schon suggeriert, lässt sich der Genotyp von außen nicht feststellen, was die Zucht von bestimmten Merkmalen sehr erschwert.

Dass es überhaupt verschiedene Allele eines Genes gibt, hat einen ganz wichtigen biologischen Sinn: Nur wenn verschiedene Merkmale entstehen, gibt es auch „Ansatzpunkte" für die Selektion und damit für die Evolution der Art. Während der Jahrmillionen hat die Natur auf diese Weise alle Tiere herausselektiert, die nicht ideal an das Leben in ihrem Biotop angepasst waren – diese Individuen vermehrten sich nicht oder weniger gut als besser angepasste. So entstanden Arten, die mit ihrer Umwelt perfekt harmonieren – wie das Wildmeerschweinchen. Bei der Haltung in Menschenhand gibt es diese Selektionsvorteile nicht mehr, dort kann beinahe jedes Individuum der Art überleben. Stattdessen werden im Laufe der Domestikation andere Merkmale von Menschenhand selektiert, etwa bestimmte Fellfarben.

Dass es überhaupt die Vielzahl an Allelen an einem so genannten Gen-Locus (dem Ort auf der DNA, wo die entsprechende Information für ein bestimmtes Merkmal codiert ist) gibt, liegt an Mutationen, die irgendwann in der Entwicklung der Art aufgetreten sind. Dabei muss dem Betrachter bewusst werden, dass ein Allel durch seinen molekularen Code in der DNA die Zustandsform eines Gens beschreibt. Vereinfacht dargestellt besteht dieser Speicher der genetischen Information aus einer langen Kette von Molekülen, deren Anordnung festlegt, welche Gene das Tier hat, und damit, wie es aussieht. Diese Kette kann man sich – stark vereinfacht – wie eine Strickleiter vorstellen. Eine Mutation ist damit genau betrachtet nur eine Veränderung in der Anordnung oder Anzahl der Moleküle im DNA-Doppelstrang.

Im Normalfall sind Mutationen für das Individuum nachteilig. Durch die natürliche

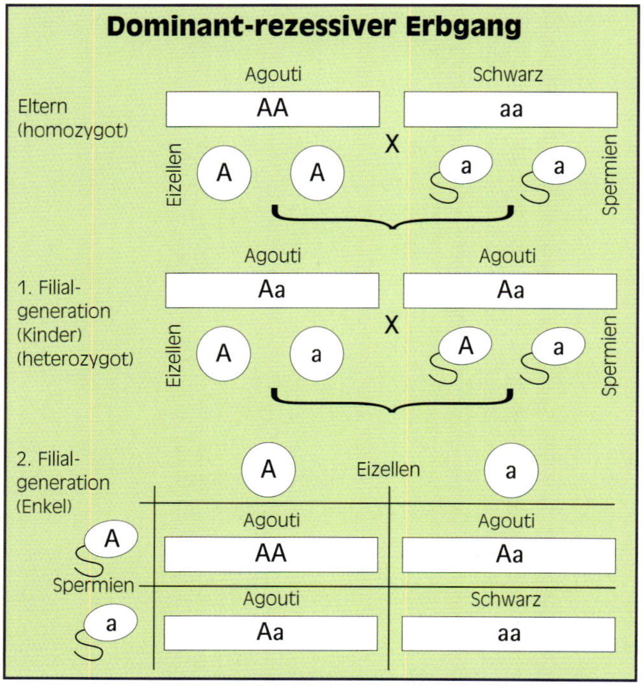

Schema eines dominant-rezessiven-Erbgangs über drei Generationen; das Punnettsche Quadrat zeigt die Aufspaltung (1 : 2 : 1) der Enkel.

Selektion werden diese Tiere daher meist aus der Population „herausgefiltert" und können ihr Erbgut nicht weitergeben. In sehr seltenen Fällen sind Mutationen aber auch positiv, die Selektion „bevorzugt" dann die Nager, die das Merkmal (und damit auch das Gen) tragen. Solche Individuen können sich durch den Selektionsvorteil besser vermehren als ihre Artgenossen und geben das Gen an viele Nachkommen weiter. So sichert die Natur den Fortbestand und die stetige Anpassung einer Art. Das gilt natürlich nicht bei der Zucht, hier entscheidet der Mensch. Mutationen sind ein seltenes Ereignis! Die Chance dafür liegt bei Farbmutationen häufig bei 1:10.000 bis 1:1.000.000, wobei dies nur das Auftreten der Mutation selbst betrifft. Damit diese auch „sichtbar" wird, muss sie in vielen Fällen ja reinerbig vorliegen, was die Chance noch weiter verringert, weil sich hierfür ja zwei Meerschweinchen mit der gleichen (seltenen) Mutation treffen und paaren müssen. Nun versteht man, warum neue Varianten so begehrt und selten sind.

Der Grund, warum veränderte Gene zu einem anderen Aussehen führen, liegt an Enzymen. Diese Proteine steuern quasi den gesamten Ablauf in allen Zellen des Organismus. So z. B. auch die Produktion von Farbmolekülen in den Haaren des Meerschweinchenfelles.

Diese neuen Mutationen werden bei Verpaarungen an die Nachkommen weitergegeben. Es gibt (vereinfacht) zwei Erbgänge, die in der Natur die Weitergabe von Genen an die nächste Generation steuern. Der wichtigste im Hinblick auf die Zucht von Farbvarianten ist der dominant-rezessive Erbgang. Wie bereits erwähnt, sind die meisten mutierten Allele für den Organismus des Tieres in der freien Natur nicht von Vorteil (z. B. Albinismus; das Meerschweinchen kann sich nicht mehr tarnen). Durch einen nicht ganz einfachen Mechanismus werden diese Allele daher vom intakten Gen unterdrückt. Ein Meerschweinchen, dass nur mischerbig ist für Weiß (Albino), sieht einfach nur wildfarbig (goldagouti) aus, weil das Wildallel das für Weiß unterdrückt. Solche Tiere mit dem „versteckten Allel" werden unter Züchtern

als „Träger" gehandelt. Allele, die andere unterdrücken, werden dominant genannt, unterdrückte Allele heißen rezessiv. Daher kommt auch der Name des dominant-rezessiven Erbganges.
Ein typisches Beispiel sind Meerschweinchen, die Träger für Schwarz sind: Kreuzt man zwei solche „Träger" miteinander, sind theoretisch 25 % der Nachkommen Schwarz. Dies kann man sich klar machen, wenn man das so genannte Punnettsche Quadrat aufzeichnet. Dabei werden für dominante Gene Großbuchstaben geschrieben, für rezessive nimmt man kleine Buchstaben. Gleiches gilt z. B. auch für die bekannten Teddy-Träger.
Ist eines der Elterntiere ein „echtes" schwarzes Tier (hat also das Gen für Schwarz homozygot) und das andere Elterntier ist ein Träger (also heterozygot), so sind 50 % der Nachkommen Schwarz und 50 % Träger. Wenn Sie das nicht glauben, zeichnen Sie sich einmal ein solches Kreuzungsquadrat mit den dazugehörigen Allelen auf!
Weiterhin ist es möglich, dass Allele co-dominant sind, dann sind die Allele „gleichwertig" – das Aussehen eines solchen Tiere sieht aus wie eine „Mischung" der Eltern. Zudem kommen bei Zeichnungsvarianten oft Erbgänge vor, die auf Selektionszucht beruhen. In diesem Fällen sind sehr viele Gene für die bestimmte Zeichnung des Tieres zuständig, etwa bei Holländer-Meerschweinchen. Hier hat der Züchter also nur die Chance, durch Selektion immer wieder die Tiere miteinander zu verpaaren, die dem gewünschten Zeichnungsbild am ähnlichsten sehen.
Das hört sich alles sehr kompliziert an und man braucht sicherlich einige Zeit, um die genauen Mechanismen zu verstehen, die zum mannigfaltigen Aussehen unserer Meerschweinchen führen. Aber es kann für Züchter sehr vorteilhaft sein, ein genaues Wissen zu haben, denn durch gezielte Planung können Zuchtziele besser erreicht werden und Inzuchtprobleme ausgeschlossen werden.

Zucht nach Standard

Laut Brockhaus-Lexikon ist Zucht die bewusste Auswahl von Tieren mit bestimmten Eigenschaften bei der Vermehrung einer Tierart. Es geht also nicht um das ziellose Vermehren von Tieren, sondern um gesteuerte Verpaarungen, um ein klar definiertes Ziel zu erreichen. Dieses Ziel kann z. B. das Züchten nach Standard sein, sei es mit dem Vorhaben, Meerschweinchen erfolgreich auszustellen, um eine neue Rasse

Die gezielte Zucht bescherte den Haltern die heutige Rassenvielfalt. Foto: C. Ehrlich

Wie Tiere bestimmter Rassen aussehen sollen, legt der Standard fest. Foto: C. Ehrlich

oder einen Farbschlag zur Anerkennung in den Standard zu bringen, oder einfach nur, um nach genau definierten Vorstellungen zu züchten, auch wenn man nicht ausstellen will.

Apropos Standard: Bei diesem Schriftstück handelt es sich um eine Sammlung aller in einem Land (in Zukunft sogar in ganz Europa) geltenden Zuchtleitlinien für jede einzelne Rasse. Die Haarstruktur sowie die Farbmöglichkeiten und ggf. auch die Farbverteilung sind dort als Idealbild enthalten; zusätzlich beschreibt der Standard natürlich für alle Rassen gemeinsam die ideale Körperstatur, den so genannten „Typ". Ein Rassemeerschweinchen grenzt sich also nicht nur durch eine besondere Haarstruktur und -farbe von nicht rassereinen Tieren (so genannten „Liebhabertieren") ab, sondern z. B. auch durch eine typische stumpfe Nase, einen deutlichen Stiernacken, elegant nach unten hängende Ohren sowie eine breite und hohe Schulterpartie.

Ein Standard ist übrigens kein starres Gebilde, sondern ständig im Fluss. Beim größten deutschen Verein, dem MFD, ist das wie folgt geregelt: „Neue Varianten können nach einem festgelegten Anerkennungsverfahren, wenn anhand mehrerer ausgestellter Tiere ein klares, gefestigtes Rassebild vorgewiesen werden kann, zu einer eigenen Rasse erkoren werden oder eine neue Farbvariante einer Rasse dem Standard hinzu gefügt werden." Im Gegensatz zu früherer Regelung „erlöschen" lange nicht gezeigte Rassen nicht mehr, sondern bleiben als Beschreibung erhalten.Genaue Regeln für dieses Prozedere legt also jeder Verein selbst fest, denn Rassezucht ist Vereinssache, auch bei Meerschweinchen.

Oberstes Ziel und das Erste, womit sich der Standard befasst, sind ein guter Typ und Körperbau. Auch wird beschrieben, wie Augen, Ohren und Kopf ideal aussehen sollen. Dies schließt automatisch ein, dass ein Streben nach großen, kräftigen und gesunden Tieren erwünscht ist, denn nur diese können die vom Standard gestellten Vorgaben erfüllen und weisen keine Fehler auf, seien es der Schönheit abträgliche Makel (wie Ohrfalten oder Fellfehler) oder auch für die Gesundheit problematische Aspekte (wie ein zu kurzer Kopf). Des Weiteren werden im Standard die Farben, Zeichnungen und vieles mehr erklärt.

Für den, der sich wirklich intensiv der Zucht nach Standard widmen will, ist der Standard quasi als „Betriebsanleitung" sehr wichtig, auch wenn dort genaue Tipps zur Verpaarung bestimmter Tiere natürlich nicht gegeben werden.

Seit einiger Zeit arbeitet auch die Standardkommission der Europeenne d'Aviculture et de Cuniculture (EE, eine große Heimtier-Vereinigung), die schon ein paar Jahre eine extra Sparte „Cavias" (Meerschweinchen) besitzt, an einem Europastandard. Darin werden die Standards der angeschlossenen Länder vereint. Anerkannt werden immer die Rassen und Farbschläge sein, die in mindestens drei Mitgliedsländern akzeptiert sind. Im Gegensatz zum deutschen Standard werden hier weiterhin die Langhaartiere in voller Haarlänge gewickelt präsentiert, weil dies in den meisten Mitgliedsländern so üblich ist (in Deutschland wird das aber aus Tierschutzgründen nicht mehr gemacht).

Im Folgenden gehen wir auf die im Standard anerkannten Meerschweinchenrassen, ihre Farben und Zeichnungen sowie auch auf (noch) nicht anerkannte und seltenere Rassen ein. Alle Beschreibungen beziehen sich hierbei auf den gängigsten Standard in Deutschland, nämlich den der Meerschweinchenfreunde Deutschland (BD) e.V.

Typvolle Rassemeerschweinchen haben eine stumpfe Nase, einen Stiernacken und Hängeohren (hier ein Glatthaar in Rot-Weiß).
Foto: I. Rezk Salama

Bunter Rassen-Mix: Texel, Sheltie, Peruaner Foto: C. Ehrlich

Abkürzungen

Bei der Beschreibung von Rassemeerschweinchen werden mehrere Abkürzungen benutzt, die ein Interessierter kennen sollte. Zunächst gibt es die Bezeichnung für die Geschlechter, die durch Kommata abgetrennt werden. So ist 1,0 ein Männchen, 0,1 ein Weibchen; 1,3 bedeutet also: ein Männchen und drei Weibchen (eine Zuchtgruppe). Zudem wird die Farbe der Augen, die bei Meerschweinchen unterschiedlich sein kann, folgendermaßen abgekürzt: d. e. = dark eyed (oder d. A. = dunkle Augen, naturfarben); p. e. = pink eyed (oder r. A. = rote Augen). Die Farben Schildpatt (SP, rot-schwarz) und Schildpatt mit Weiß (SPW, rot-schwarz-weiß) werden gelegentlich ebenfalls abgekürzt, ebenso die Begriffe für Individuen, die Genträger für eine bestimmte Rasse sind (z. B. TdT = Teddy-Träger, RT = Rex-Träger, TT = Texel-Träger). GH (Glatthaar) bzw. NH (Normalhaar) beschreiben das ursprüngliche kurze Fell der Meerschweinchen (hat aber nichts mit der Farbe zu tun)..

Die Meerschweinchenrassen

Eine gezielte Rassezucht von Meerschweinchen gibt es erst seit etwa 100 Jahren. Seither wurde die selektive Zucht bestimmter Merkmale immer beliebter, was zu einer beinahe exponentiellen Erhöhung der Anzahl an Meerschweinchenrassen und -farben führte. Heute tauchen fast jedes Jahr neue Varianten auf, von denen einige nach etlichen Jahren der Zucht auch in die Standards aufgenommen werden.

Heute ist die Anzahl an Farb- und Fell Kombinationen beinahe schon unübersichtlich groß. Aber dieser Abwechslungsreichtum ist sicherlich ein Grund dafür, warum immer mehr Menschen Meerschweinchen halten möchten. Und auch die Zahl derer, die – ähnlich wie bei Katzen und Hunden – lieber Meerschweinchen mit Rasse halten möchten als einen Mischling, steigt stetig.

Der Schritt vom Rassemeerschweinchenhalter zum -züchter ist dagegen ein ziemlich großer. Denn um wirklich erfolgreich in der Welt der Rassemeerschweinchen, also beispielsweise auf

Ausstellungen mit Bewertungen (so genannte Richtungen), bestehen zu können, muss der Züchter in der Regel mehrere Dutzend Meerschweinchen tiergerecht unterbringen und versorgen können. Daher sollten sich all jene, die mit dem Gedanken spielen, eine der vielen – zugegebenermaßen wunderschönen – Rassen nach Standard zu züchten, genau überlegen, ob sie diesen Schritt wirklich gehen möchten. Dieses Hobby ist mit viel Arbeit verbunden und fordert vom Züchter ein besonders großes Maß an Verantwortung, denn das Kreuzen von Meerschweinchen ist aufgrund der dahinter stehenden Genetik nicht immer so einfach, wie sich das mancher vorstellt. Inzuchtprobleme und Letalfaktoren sind nur zwei Punkte, die beachtet werden müssen, um den Tieren und ihren Nachkommen nicht zu schaden. Und auch die Vermittlung der geborenen Jungtiere, die man ja nicht alle selbst behalten kann, ist nicht immer einfach und muss schon vor Zuchtbeginn geklärt sein.
Daher muss bei Rassemeerschweinchen das Gleiche gelten wie bei allen Tieren: Erst kommen die Gesundheit und das Wohlbefinden der Meerschweinchen, danach die Schönheit! Alles andere ist Tierquälerei und wird von den Vereinen auch deutlich bekämpft.

Peruaner in Rot-Weiß: Wer diese oder andere Rassen züchten möchte, braucht viel Zeit und Geld. Foto: C. Ehrlich

Die Kurzhaar-Rassen

Meerschweinchen mit kurzen Haaren stehen der ursprünglichen Haarstruktur der wilden Meerschweinchen am nächsten, allerdings haben Rassemeerschweinchen grundsätzlich ein etwas weicheres und häufig auch dichteres Fell als ihre wilden Verwandten. Im Standard werden sieben Rassen unterschieden, die sich vor allem durch die Struktur des einzelnen Haares sowie die Anordnung von Haarwirbeln auf dem Körper unterscheiden. Jede dieser Rassen gibt es in mehreren anerkannten (sprich: durch den Standard idealisiert vorgegebenen) Farben, manche Rassen lassen sich mit anderen kombinieren, wodurch u. U. sogar neue Rassen entstehen können (mehr dazu in den einzelnen Beschreibungen). Um die Rassedarstellungen nicht völlig ausufern zu lassen – zu diesem Thema könnte man nämlich ein eigenes Buch schreiben –, möchten wir uns im Folgenden nur auf die wichtigsten Daten konzentrieren. Wer mehr wissen will, findet bei den Meerschweinchen-Zuchtvereinen (s. „Adressen") den genauen Wortlaut der Standards, die anerkannten Farben und zusätzliche Informationen. Wir werden daher in den kommenden der Rassen keine Listen der anerkannten Farben aufführen, da sich diese häufig jährlich ändern.

Achtung: Letal-Faktoren

Einige Varianten dürfen nicht miteinander verpaart werden, da sonst durch mitgetragene Letal-Faktoren nicht lebensfähige Junge entstehen könnten (siehe bei der Beschreibung von Schimmel- und Dalmatiner-Meerschweinchen). Sie sollten daher vor jeder Verpaarung genau überprüfen, ob diese wirklich sinnvoll und tiergerecht ist!

Glatthaar in Schildpatt mit Weiß Foto: C. Ehrlich

Glatthaar

Vertreter der Glatthaar-Rassen sollen glattes, weiches, glänzendes, anliegendes Haar von etwa 2–3 cm Länge haben (das Deckhaar ist etwas grober). Creme, Buff, Safran und Weiß haben fast immer eine längere Behaarung. Es dürfen keine Wirbel oder Rosetten im Fell sein.

Satin

Durch den Satinfaktor ist der Haarschaft hohl und jedes einzelne Haar dünner. So reflektiert es auf völlig andere Weise das Licht, die Farben erscheinen intensiver, es entsteht ein brillanter Glanz. Vor einigen Jahren stellte sich heraus, dass Satinmeerschweinchen gehäuft an einer Knochenerkrankung leiden, der Osteodystrophie. Seitdem wird an der Klinik für kleine Haustiere der Freien Universität Berlin ein Forschungsprojekt zu diesem Problem durchgeführt. Endgültige Ergebnisse liegen immer noch nicht gesichert vor, jedoch gilt eine Zuchtwarnung für Tiere mit Satinfell. Stellt sich tatsächlich heraus, dass der Satin-Faktor und Osteodystrophie definitiv zusammenhängen, wird die Zucht aufgrund des Tierschutzgesetzes illegal („Qualzuchten").

English Crested in Rot
Foto: C. Ehrlich

English Crested

Glatthaartiere mit einer Stirnrosette, diesen Wirbel nennt man auch Krone. Bei den English Crested entspricht die Kronenfarbe der Körperfarbe, sprich: der Wirbel im Stirnzentrum ist genau gefärbt wie das restliche Tier (vgl. American Crested).

American Crested

Zeigen ebenfalls eine Stirnrosette („Krone"), bei ihnen ist aber die Kronenfarbe in jedem Fall (abweichend vom restlichen Körperfell) stets weiß.

American Crested in Schwarz
Foto: C. Ehrlich

US-Teddy

Diese Mutation trat in Amerika auf, deswegen wird das Teddy-Meerschweinchen auch US-Teddy genannt. Dagegen entstand der Rex in England. Obwohl beide Tiere sich sehr ähneln, sind sie genetisch nicht identisch. Zwei verschiedene Gene sind für die Kräuselung des Haares verantwortlich. Beim US-Teddy ist das einzelne Haar in sich gekräuselt und dadurch sehr federelastisch. Die Haare sind ca. 2 cm lang und stehen sehr dicht und senkrecht auf der Haut.

Dreifarbige Rex-Meerschweinchenfamilie Foto: C. Ehrlich

Rex

Der Rex ist eine englische Mutation. Dabei steht jedes einzelne Haar senkrecht auf der Haut, ist in sich gekräuselt und dadurch sehr federelastisch. Das Haar ist etwa 2,5 cm lang. Auch die Bauchbehaarung soll lockig oder wellig erscheinen. Der Laie kann Rex und US-Teddy kaum unterscheiden, es handelt sich um äußerlich sehr ähnliche Mutationen, die aber andere Gene betreffen.

Rosetten

Der deutsche Standard schreibt mindestens acht Rosetten vor: vier Körperrosetten, zwei Hüftrosetten und zwei Hinterhandrosetten. Dazu kommen im Idealfall noch

Rosetten-Meerschweinchen in Brindle Foto: C. Ehrlich

zwei Schulterrosetten und evtl. zwei Nasenrosetten. Die Rosetten sollen groß, rund und tief sein sowie von einem stecknadelkopfgroßen Mittelpunkt ausgehen. Je tiefer die Rosetten sind, umso besser ist dies für die so genannten Kämme. Das Fell der Rosette sollte nicht länger als etwa 3,5 cm sein, aber auch nicht viel kürzer, weil die Rosetten sonst an Tiefe und Halt verlieren.

Langhaar-Rassen

Langhaartiere sollen in Deutschland ungewickelt, d. h. ohne aufgedrehte oder hochgebundene Behaarung und ohne Wickelspuren präsentiert werden – wenn man die Haare nämlich (wie z. B. in den Niederlanden) auf Lockenwickler dreht, wachsen diese (wie beim Menschen) quasi unendlich weiter; die Meerschweinchen können somit Haarlängen von über 60 cm erreichen. Die Behaarung muss in Deutschland mindestens gleichmäßig bodenlang plus maximal 2 cm (auch beschnitten) bzw. bei Jungtieren altersgemäß sein.

Peruaner in Rot-Weiß
Foto: C. Ehrlich

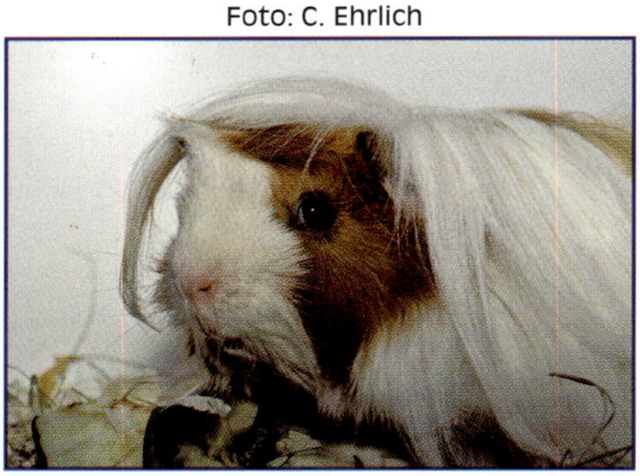

Peruaner

Der Peruaner ist ein Langhaar-Meerschweinchen mit zwei Hüftrosetten und einen Pony, der ins Gesicht fällt.

Sheltie

Ein „einfaches Langhaarmeerschweinchen", also ohne Rosetten und Pony. Die Kopfbehaarung ist kurz, erst zwischen den Ohren und an den Backen beginnt das Haar länger zu werden. Das Haar fällt glatt nach hinten.

Coronet in Rot
Foto: C. Ehrlich

Coronet

Ein langhaariges Meerschweinchen mit einer Stirnrosette. Ansonsten darf der Körper keine Rosettenbildung zeigen.

Texel

Hierbei handelt es sich um ein langhaariges Meerschweinchen mit dichtem, federelastischem, lockigem Fell. Genetisch gesehen also ein Sheltie mit Kraushaarfaktor (Rexfaktor).

Texel in Schwarz-Weiß
Foto: C. Ehrlich

Alpaka

Das ist ein Peruaner mit lockigem Fell. Diese Rasse besitzt also zwei Hüftrosetten und einen Pony.

Merino

Bei dieser jungen Rasse handelt es sich um ein Coronet mit lockigem Fell, besitzt also eine Stirnrosette.

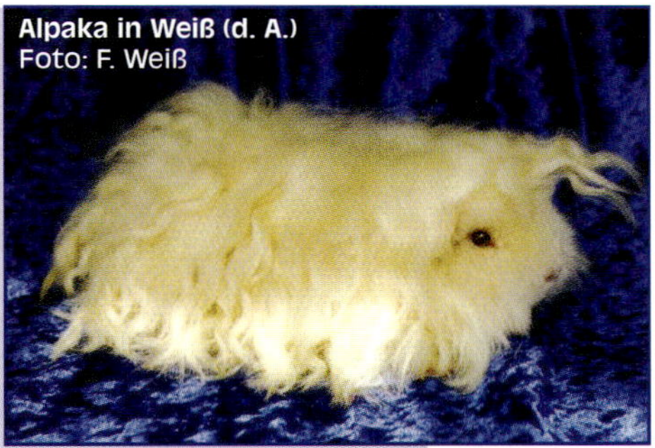

Alpaka in Weiß (d. A.)
Foto: F. Weiß

Die genetischen Faktoren der Meerschweinchen-Rassen

Folgende Kürzel werden bei der Meerschweinchenvererbung für bestimmte Gene genutzt, die je nach Zustandsform im Erbgut ein bestimmtes Aussehen des Meerschweinchens beeinflussen:

LL	Kurzhaar
ll	Langhaar; es besteht aber keine vollständige Dominanz, schon in der ersten Generation bei Verpaarung von Kurzhaar x Langhaar kommen halb langhaarige Tiere vor oder solche mit einzelnen längeren Haarsträhnen (die so genannten Schwänzchen oder Röckchen).
StSt	Crested (der Crested-Faktor ist ein dominanter Faktor, d. h. Crested x Nicht-Crested bringt bereits in der ersten Generation wieder mindestens 50 % Cresteds)
Stst	Nicht-Crested
Rm Rm	Rosette (R für Rauhaar-Gen, m für Modifizierer-Gen)
rm rm	Glatt (auch hier nur unvollständige Dominanz, bei Verpaarung von Rosette x Glatthaartier kommt es meistens zu Jungen mit weniger als acht Rosetten, die auch schlecht in der Form und Anordnung sind. m steht für ein Modifizierer-Gen, das für die Anordnung, Form und/ oder Anzahl der Rosetten zuständig ist, es sind wahrscheinlich mehrere Modifizierer im Spiel.)
RxRx	Glatt
rxrx	Rex/Texel

Merino in Schildpatt
Foto: C. Ehrlich

FzFz Glatt
fzfz Teddy

LuLu Lunkarya, noch nicht standardisierte aber mögliche Abkürzung
Lulu Glatt

SnSn Nicht-Satin
snsn Satin

Die Besonderheiten der R- und M-Faktoren

Die so genannten R- und M-Faktoren zeigen im Zusammenspiel mit anderen Genen wie dem Langhaar-Gen (L) einige Besonderheiten:

llrrMM Reines Sheltie

llRR (oder Rr) MM normale Shelties, die aus Kreuzungen von (heterozygotem) Peruaner x Peruaner oder Sheltie x (heterozygotem) Peruaner gezüchtet wurden; Shelties, die Unregelmäßigkeiten der Haarwuchsrichtung auf den Hinterfüßen zeigen.

llRRmm Reiner Peruaner.
llRrMm ebenfalls Peruaner, mindestens ein R und ein m sind nötig, um die Haarwuchsrichtung zu ändern, sodass der typische Pony entsteht.

Ähnlich ist das auch auf Glatthaartiere anzuwenden. Glatthaartiere mit LLrrmm können „Kiemen" zeigen oder fehlerhafte „Haareinpflanzungen" (sprich: fehlstehende Haare). Glatthaartiere mit LLRRMM oder LLRrMM zeigen ebenfalls Unregelmäßigkeiten der Haarwuchsrichtung auf den Hinterfüßen und zeigen eventuell eine Rückenrosette (auch „Propeller" genannt).

LLRRmm Reine Rosette

LLRRMm
LLRrMm Rosetten, die z. B. einen Ridgeback (einen ununterbrochenen Kamm,der aufrecht auf dem Rücken steht) haben oder nur eine oder zwei Rückenrosetten.

Farben

Agoutis

Die Haare der Agouti-Meerschweinchen haben den Farbaufbau der Wildform.
Es gibt drei verschieden aufgebaute Haartypen:
1. Unterfarbe - Deckfarbe - Unterfarbe
2. Unterfarbe - Deckfarbe
3. Unterfarbe

Durch das Gemisch dieser drei Haartypen entsteht das „Ticking", das am ganzen Körper außer am Bauch regelmäßig sein soll, an den Füßen ist es feiner. Der Bauchstreifen zeigt nur Haare der Kategorie 2, wodurch er einfarbig wirkt. Der Bauchstreifen soll scharf abgegrenzt und so schmal wie möglich sein.

Glatthaar in Goldagouti
Foto: C. Ehrlich

Goldagouti
Deckfarbe warmes Kastanien-Rot mit schwarzem Ticking, Unterfarbe schwarz, dunkle Augen, schwarze Ohren, Fußsohlen, Krallen

Grauagouti
Deckfarbe Buff mit schwarzem Ticking, Unterfarbe schwarz, dunkle Augen, schwarze Ohren, Fußsohlen, Krallen

Silberagouti
Deckfarbe Silbergrau mit schwarzem Ticking, dunkle Augen (mit Glut), Unterfarbe schwarz, dunkle Augen, schwarze Ohren, Fußsohlen, Krallen

Orangeagouti
Deckfarbe Orange-Rot mit dunkelschokofarbenem Ticking, Feueraugen, Unterfarbe Schokolade, braune Ohren, Fußsohlen und Krallen

Cremeagouti
Deckfarbe Creme mit schokofarbenem Ticking, Feueraugen, Unterfarbe Schokolade, braune Ohren Fußsohlen und Krallen

Cinnamonagouti
Deckfarbe Silberweiß mit zimtfarbenem Ticking, Feueraugen, Unterfarbe: Zimtfarben (aufgehelltes Schokolade), hellbraune Ohren, Fußsohlen und Krallen

Glatthaar in Silberagouti
Foto: C. Ehrlich

Salmagouti
Deckfarbe Lachsfarbe, Gold mit lilacfarbenem Ticking, rote Augen, Unterfarbe Lilac, fleischfarbene, möglichst unpigmentierte Ohren, fleisch- bzw. hornfarbene Fußsohlen und Krallen.

Argentes
Hierbei handelt es sich um Tiere, die eine Unterfarbe und eine Deckfarbe aufweisen, also gewissermaßen zweifarbige Exemplare. Im Unterschied zum Agouti besitzen sie nicht das typische „Ticking", sondern ein „Tipping", d. h. sie zeigen die Deckfarbe am gesamten Körper in allen Haarspitzen (nur Haare der Kategorie 2). Das einzelne Haar ist also nicht mehrfach gebändert wie beim Agouti. Wenn man in das Fell dieser Tiere hineinbläst, erkennt man die Unterfarbe.

Lilac-Goldargente
Deckfarbe Gold, Bauchfarbe Gold, rote Augen, fleischfarbene, möglichst unpigmentierte Ohren und fleisch- bzw. hornfarbene Fußsohlen und Krallen

Lilac-Safranargente
Deckfarbe Safran, Bauchfarbe Safran, rote Augen, fleischfarbene, möglichst unpigmentierte Ohren und fleisch- bzw. hornfarbene Fußsohlen und Krallen

Lilac-Weißargente
Deckfarbe Weiß, Bauchfarbe Weiß, rote Augen, fleischfarbene, möglichst unpigmentierte Ohren und fleisch- bzw. hornfarbene Fußsohlen und Krallen

Beige-Gold-Argente
Deckfarbe Gold, Bauchfarbe Gold, rote Augen, fleischfarbene, möglichst unpigmentierte Ohren und fleisch- bzw. hornfarbene Fußsohlen und Krallen

Satin in Beige-Gold-Argente Foto: C. Ehrlich

Beige-Safran-Argente
Deckfarbe Safran, Bauchfarbe Safran, rote Augen, fleischfarbene, möglichst unpigmentierte Ohren und fleisch- bzw. hornfarbene Fußsohlen und Krallen

Beige-Weiß-Argente
Deckfarbe Weiß, Bauchfarbe Weiß, rote Augen, rote Augen, fleischfarbene, möglichst unpigmentierte Ohren und fleisch- bzw. hornfarbene Fußsohlen und Krallen

Solidagoutis

Solidagoutis haben im Gegensatz zum Agouti keinen Bauchstreifen, sondern sind über den ganzen Körper und auch am Bauch „durchgetickt". Sie wirken dunkler als Agoutis und werden oft einfarbig geboren.

Glatthaar in Solid Goldagouti
Foto: C. Ehrlich

Solid Goldagouti, Solid Silberagouti, Solid Cinnamonagouti

Wie die entsprechenden Agoutifarben, jedoch ohne Bauchstreifen

Einfarbige

Die Farben der Meerschweinchen werden eingeteilt in zwei Reihen:

1. Die Schwarz/Braun-Reihe: Schwarz, Slate Blue, Lilac, Schokolade und Beige
2. Die Rot/Gelb-Reihe: Rot, Gold, Buff, Safran, Creme und Weiß

Unter- und Deckfarbe sollen möglichst gleich intensiv, am Bauch darf es etwas heller sein.

Schwarz

Deckfarbe intensives, glänzendes Schwarz, Augen dunkel, schwarze Ohren, Fußsohlen und Krallen

Texel in Schwarz Foto: C. Ehrlich

Slate Blue

Deckfarbe mittleres Taubengrau mit bläulichem Schein, auf keinen Fall aber mit Rosaschleier wie beim Lilac; Augen, Ohren, Fußsohlen und Krallen so dunkel wie möglich

Lilac

Deckfarbe mittleres Taubengrau mit Rosaschleier, rote Augen, fleischfarbene, möglichst unpigmentierte Ohren, möglichst unpigmentierte Fußsohlen und hornfarbige Krallen

Schokolade

Deckfarbe so dunkelbraun wie Bitterschokolade, Feueraugen, braune Ohren, Fußsohlen und Krallen

Glatthaar in Buff und Weiß (r. A.) Foto: C. Ehrlich

Beige

Deckfarbe heller Braunton, wie Milchkaffee, mit Grauschleier, rote Augen, fleischfarbene, möglichst unpigmentierte Ohren, möglichst unpigmentierte Fußsohlen und hornfarbige Krallen.

Rot

Deckfarbe warmes Kastanien-Rot ohne Schwarzschleier, dunkle Augen; Ohren, Fußsohlen und Krallen je dunkler, desto besser

Gold mit roten Augen (r. A.)

Deckfarbe warmer, intensiver Gold-Orange-Ton, rote Augen, fleischfarbene, möglichst unpigmentierte Ohren, möglichst unpigmentierte Fußsohlen und hornfarbige Krallen

Gold mit dunklen Augen (d. A.)

Deckfarbe warmer, intensiver Gold-Orange-Ton, Augen dunkel mit Glut, fleischfarbene, möglichst unpigmentierte Ohren, möglichst unpigmentierte Fußsohlen und hornfarbige Krallen

Safran

Deckfarbe intensiver Gold-Gelb-Ton, eine Nuance heller als Buff, rote Augen, fleischfarbene, möglichst unpigmentierte Ohren, möglichst unpigmentierte Fußsohlen und hornfarbige Krallen

US-Teddy in Weiß (d. A.) Foto: C. Ehrlich

Buff

Deckfarbe kräftiges, dunkles Ocker-Gelb ohne Rotstich, dunkle Augen, fleischfarbene, möglichst unpigmentierte Ohren, möglichst unpigmentierte Fußsohlen und hornfarbige Krallen

Creme

Deckfarbe mit ganz hellem Dünensand zu vergleichen, dunkle Augen (mit Glut), fleischfarbene Ohren, fleischfarbene bzw. hornfarbige Fußsohlen und Krallen

Weiß

Deckfarbe strahlendes, reines Weiß, Augen rot, dunkel mit Glut oder „blau", fleischfarbene Ohren, fleischfarbene bzw. hornfarbige Fußsohlen und Krallen

Satin-Peruaner in Lilac Foto: C. Ehrlich

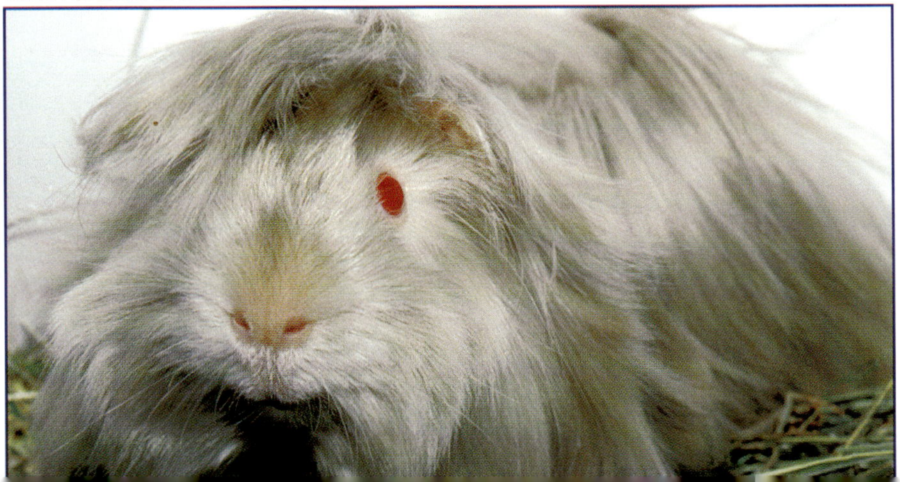

Zeichnungen

Natürlich gibt es nicht nur einfarbige Meerschweinchen, sondern auch mehrere Zeichnungsvarianten. Diese Zeichnungen können theoretisch bei jeder Rasse auftreten. Hier eine kurze Übersicht:

English Crested in Schildpatt
Foto: E. Lösch

Glatthaar in Schildpatt und Weiß Foto: C. Ehrlich

Glatthaar in Himalaya
Foto: E. Lösch

Brindle
Gleichmäßiges Gemisch von Schwarz und Rot am ganzen Körper

Schildpatt
Gleichmäßige Verteilung scharf begrenzter, möglichst gleich großer schwarzer und roter Farbfelder. Von der Nase bis zur Hinterhand verläuft eine gedachte Linie sowohl über den Rücken als auch am Bauch, an der sich immer zwei andersfarbige Felder gegenüberstehen sollen.

Schildpatt mit Weiß
Wie Schildpatt, aber mit Weiß, jede Seite des Tieres muss alle drei Farben und mindestens drei Farbfelder zeigen.

Holländer
Die Zeichnung besteht aus den Kopfplatten, der Bandzeichnung und den Manschetten. Die ovalen Kopfplatten Auge und Ohr umfassen und nicht die Tasthaare berühren. Im Nacken berühren sich beide Kopfplatten, ohne Weiß dazwischen zuzulassen. Die Bandzeichnung soll in der Körpermitte beginnen, die Trennlinie zwischen den beiden Farben soll in einer geraden Linie rund um den Körper verlaufen und scharf abgegrenzt sein. Die Manschetten sind die Weißzeichnung der Hinterfüße. Sie sollen nicht zu hoch reichen und mindestens an einem Fuß vorhanden sein.

Himalaya
Ein weißes Tier mit roten Augen, die Zeichnung besteht aus der schwarzen (oder in der jeweiligen Farbe getönten) Maske, gefärbten Ohren und Beinen.

Glatthaar-Dalmatiner in Schwarz Foto: C. Ehrlich

Dalmatiner

Ein farbiges Tier mit einem genetischen „Tipp-Ex", der Körper ist rein weiß, der Kopf farbig mit einer weißen Blesse, die Beine sind ebenfalls farbig. Am Körper soll eine möglichst gleichmäßig verteilte Fleckzeichnung ohne viel Schimmel (s. u.) auftreten.

Schimmel

Ebenfalls ein farbiges Tier mit einem genetischen „Tipp-Ex". Der Kopf und die Beine sind farbig. Der Kopf zeigt keine Blesse. Der Körper weist ein möglichst gleichmäßiges Gemisch farbiger und weißer Haare auf.

Schimmel (mixed) Foto: C. Ehrlich

Nicht oder erst kürzlich anerkannte Rassen, Farben und Zeichnungen

Wie schon ausgeführt, treten beinahe jedes Jahr neue Meerschweinchenrassen, -farben oder -zeichnungen auf. Manchmal sind es tatsächlich neue Mutationen, die den neuen Varianten zugrunde liegen, manchmal eine über Jahre betriebene Selektionszucht und manchmal schlicht die Kombination zweier bestehender Rassen zu einer neuen. Es folgen einige der aufsehenerregendsten neuen Formen der letzten Jahre, die z. T. kurz vor der Anerkennung im Standard stehen oder sogar kürzlich aufgenommen wurden.

Tans und Foxes

Als Mutation erstmalig in der Schweiz aufgetreten, sehen aus wie ein Agouti ohne Ticking auf dem Rücken. Die Zeichnung entspricht beim Kaninchen der „Loh-Zeichnung".

Schwarz mit rotem Bauch = Black Tan
Schoko mit rotem Bauch = Chocolate Tan
Lilac mit goldenem Bauch = Lilac Tan usw.
Schwarz mit weißem Bauch = Silver Fox (In den USA Silver Marten in Anlehnung an die Bezeichnung der Farbe bei den Kaninchen)
Schoko mit weißem Bauch = Chocolate Fox (Chocolate Marten)
Lilac mit weißem Bauch = Lilac Fox (Lilac Marten) usw.
Schwarz mit cremefarbenen Bauch = Black Otter usw.
Schwarz mit bufffarbenen Bauch = Black Lux usw.

Glatthaar in Black Tan
Foto: C. Ehrlich

Helle Bauchseite des Silver Fox Foto: C. Ehrlich

Rote Bauchseite des Black Tans Foto: C. Ehrlich

Die Bauchfarbe (z. B. rot bei den Black Tans) ist sichtbar rund um die Augen, an den Vorder- und Innenseiten der Ohren, an den Nasenlöchern, der Kinnunterseite, den Kinnrändern, einem Dreieck hinter den Ohren, der Brust, dem Bauch, den Innen- und Rückseiten der Hinterläufe und fleckig auch auf den Vorderläufen.

Magpie

Anerkannt im englischen Standard. Dies ist ein Glatthaartier in Schwarz-Weiß oder Schoko-Weiß, bei einem Teil der Farbfelder sind das Schwarz und Schoko völlig mit weißen Haaren durchgestichelt, sodass das Tier aussieht, als zeige es Schwarz, Weiß und Schimmel gleichzeitig. Dies entsteht durch den Einfluss des Chinchillafaktors auf Schildpatt oder Schildpatt mit Weiß bzw. Schoko-Rot oder Schoko-Rot-Weiß. Diese Tiere haben keinen Letalfaktor und können bedenkenlos miteinander verpaart werden.

Harlekin

Ebenfalls im englischen Standard anerkannt. Es handelt sich um ein Glatthaartier mit einer Farbverteilung wie Schildpatt mit Weiß, die Zeichnung muss aber entweder Weiß mit Schwarz und Creme oder Schoko und Creme sein. Die beiden Farben können auch gemischt (verbrindelt) sein.

Marder/Sable

Ein Zeichnungstier und nur in Australien anerkannt, wo es diese Rasse vor ca. 20 Jahren auch in guter Qualität gegeben haben soll. Inzwischen treten sie aber nur noch durch Zufälle auf. Das Gen für diese Zeichnung kann nicht genau bezeichnet werden, wahrscheinlich handelt es sich um eine Kombination von Genen oder evtl. liegt es auf dem C-Faktor. Es muss aber anscheinend das Himalayagen präsent sein. Die Körperfarbe des Marders auf dem Rücken ist Sepiabraun. Gesicht, Kopf und Ohren haben eine Maske aus einer dunkleren Schattierung als der Körper. Die Sepiafarbe des Rückens soll zur Brust und zu den Flanken hin heller werden (genau wie die Marderzeichnung bei Kaninchen).

Japaner

Ein Zeichnungstier, das zwar selten gezeigt, aber immer noch im Standart geführt wird. Man bekommt es aber nie zu sehen, daher ist es auch aus dem Standard verschwunden. Es handelt sich um ein schwarz-rotes Tier mit Bandzeichnung. Eine Kopfhälfte ist schwarz mit einem dunkelbraunen Ohr, darunter zeigt sich eine rote Brusthälfte mit einem schwarzen Vorderbein, die andere Kopfhälfte ist rot mit einem dunklen Ohr, die betreffende Brusthälfte ist schwarz mit einem roten Vorderbein, daran schließen sich über den ganzen Körper immer abwechselnd schwarze und rote, gebänderte Farbfelder an, sodass das Tier ein schwarz-rotes Zebramuster aufweist.

Sheba Mini Yak

Ebenfalls eine Rasse aus Australien, die aber auch immer noch von manchen Züchtern dort mehr als Mischling denn als eine eigenständige Rasse angesehen wird. Sie wurde in den 1970er-Jahren aus Shelties und Rosetten entwickelt. Im Gegensatz zum hiesigen „Angora" sollen die Tiere aber ganz harsches, raues Fell haben und eine Felllänge nur bis zu den Füßen sowie ohne Schleppe, mit verschieden vielen Rosetten.

Angora in Sepia-Buff, Merino in Lilac-Gold-Weiß und Peruaner in Schwarz-Weiß (v. l. n. r.)
Foto: D. Hoppe

Ridgeback

Eine Rasse, die in England bereits einen Hilfsstandard hat und auch auf Ausstellungen immer zu sehen ist. Wenn man die Hunderasse Rhodesian Ridgeback kennt, weiß man auch, wie die Meerschweinchenrasse aussieht. Von der Schulter an auslaufend zur Hinterhand hin hat das Tier einen Kamm. Auch hier streiten sich die „Gelehrten", ob es eine wirkliche Rasse ist oder nur ein zufällig entstandener Mischling aus Glatthaartier und Rosette. Grundsätzlich ist aber zu sagen, dass eine Form dann zu einer eigenständigen Rasse wird, wenn über längere Zeit aus zwei Elterntieren mit bestimmten Rassemerkmalen auch wieder immer die gleichen Jungen fallen (d. h. zur Welt kommen). Dies scheint wohl bei den Ridgebacks inzwischen so zu sein.

Lunkarya/Curly

Tiere mit Locken, die vor einigen Jahren in Stockholm, Schweden, aufgetreten sind, dort auch gezeigt werden, allerdings derzeit noch nicht im Standard vertreten sind. Sie werden auch in Finnland und Dänemark gezüchtet und ausgestellt. Das Fell ist rau, lang und lockig (also nicht weich und lockig, wie es bei unseren Lockentieren der Fall ist). Die Lunkaryas haben zwei Hüftrosetten und einen Pony wie Peruaner. Es gibt außerdem auch Kurzhaarige, die Curly genannt werden und ebenfalls zwei Hüftrosetten haben. Testverpaarungen haben gezeigt, dass das Gen nicht auf demselben Locus liegt wie das Rex- oder Teddygen und dominant vererbt wird. Die Lunkaryas wurden 2006 als neue Rasse in den deutschen Standard aufgenommen.

Curly in Crème Satin Foto: R. Paul

Crested Rex/Crested Teddy

Noch in keinem Standard der Welt vertreten, ist aber durchaus möglich und diese Variante wird auch gezüchtet. Jeweils ein Rex/Teddy mit einer Krone wie ein Crested, also eine Kreuzung dieser beiden Rassen.

Rexrosette/Teddyrosette

Ebenfalls durchaus möglich, wir haben ein paar wenige Tiere gesehen, die aber „Zufallsprodukte" mit einer geringen Anzahl von Rosetten waren. Es handelt sich hierbei um eine Kreuzung von Rex/ Teddy und Rosette.

Schweizer Teddy

Diese Rasse mit ebenfalls gekräuseltem Fell entstand in der Schweiz, wahrscheinlich aus Crested-Tieren, da sie fast immer eine Krone haben und häufig auch Wirbel im Fell. Diese Mutation ist nicht identisch mit Rexen oder US-Teddys und trägt nur zufällig deren Namen. Ein Genvergleich mit Curly/Lunkarya ist nicht bekannt. Die Schweizer Teddys, auch CH-Teddys, haben in der Schweiz einen Hilfsstandard, der ein gleichmäßig langes Fell von ca. 6 cm vorschreibt, ohne Wirbel.

Genetischer Hintergrund

Wir gehen bei der Farbvererbung des Meerschweinchens immer von der Ur- oder Wildfarbe, nämlich der Agoutifärbung des Wildmeerschweinchens aus. Die heutigen bekannten Farben, die durch Mutationen entstanden sind, werden alle von der Wildfarbe abgeleitet, und zwar von der Farbformel für Goldagouti:

ABCEP
ABCEP

Farbformeln werden immer so aufgeschrieben. Die beiden Reihen der Formel stehen für die zwei Gene auf einem Locus, die wie in diesem Falle gleich sein können, aber in anderen Fällen unterschiedlich sind (siehe Dominanz/Rezessivität). Die Abkürzungen in dieser Formel, die wir nachfolgend noch genauer beschreiben werden, stehen für Folgendes:

A = Agoutifaktor
B = Braunfaktor
C = Farbintensitäts- oder auch Verdünnungsfaktor
E = Faktor, der das Verhältnis von schwarzen zu roten Haaren im Fell und auch die Verdünnungen davon bestimmt (Extension)
P = der so genannte Rotaugenverdünnungsfaktor (Pink Eye Faktor)

Schematische Farbverteilung in Meerschweinchenhaaren, links jeweils für die Körperbehaarung, rechts für den Bauch

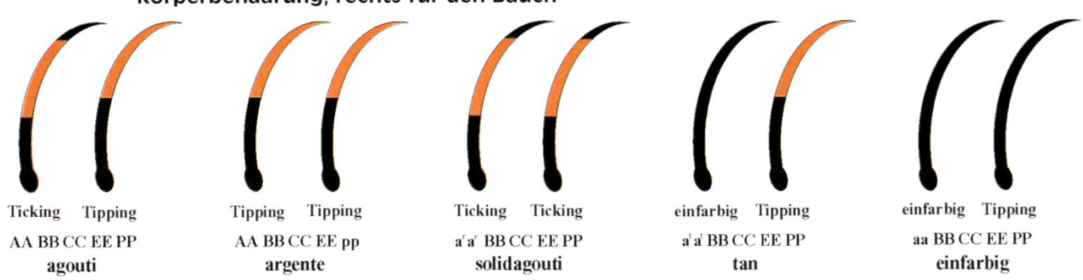

Der A-Faktor

Hier sind folgende Mutationen bekannt, und zwar in der Reihenfolge der Dominanz:

A = Agouti mit Bauchstreifen
ar = Solid Agouti ohne Bauchstreifen
at = Tan

Anmerkung: Ursprünglich wurde davon ausgegangen, dass a^r über a^t dominant ist, neue Erkenntnisse lassen jedoch darauf schließen, dass a^r und a^t co-dominant sind, d. h. bei Verpaarung von Solid Agouti mit Tan/Fox erhält man Tiere, die beides sind, bei Rückverpaarungen spalten diese wieder auf in Solid Agouti und Tan/Fox. Beide sind dominant über a (Nichtagouti).

a = Einfarbig (Nichtagouti)

Schematische Farbverteilung in den Haaren (Körper/Bauch) am Beispiel der Agouti-Farben

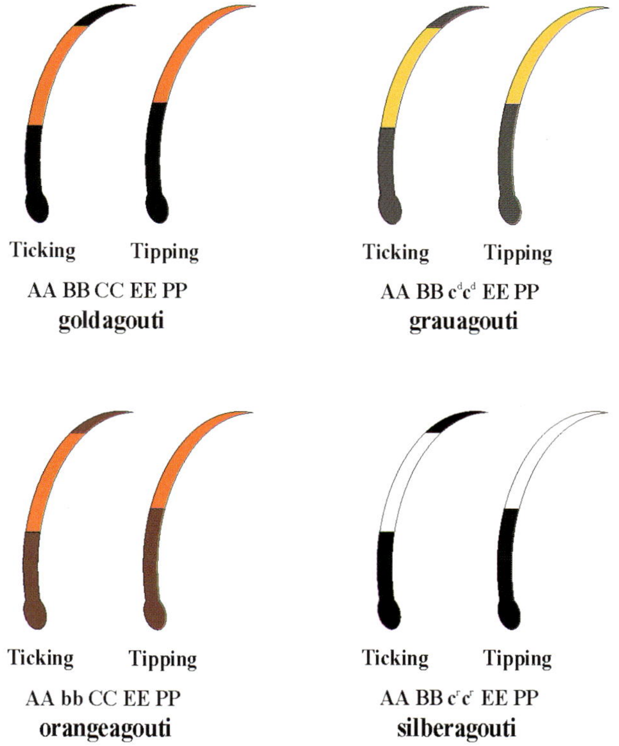

Der B-Faktor

Hier ist eine Mutation bekannt), der Black-and-Brown-Faktor; es handelt sich hier nicht um eine Verdünnung (s. u.), wie sehr oft fälschlicherweise angenommen wird.

B = Schwarz
b = Braun (Schokolade)

Der C-Faktor

Der Verdünnungsfaktor (Dilution). Die verschiedenen Mutationen des C-Faktors reduzieren die Pigmente in Fell, Haut und Augen. Das rote (gelbe) Pigment (Phaeomelanin) wird dadurch stärker verdünnt als das schwarze (braune) Eumelanin (siehe Melanine). Manchmal auch der „Albino"-Faktor genannt, obwohl bisher keine genetischen Albinos bei Meerschweinchen aufgetreten sind (siehe auch unten bei „c"). Die Faktoren sind in der Reihenfolge ihrer Dominanz aufgelistet:

C = volle Farbintensität (intensive Farben und Farbkombinationen)
C ist vollständig dominant über alle Verdünnungsfaktoren, die Verdünnungsfaktoren untereinander sind jedoch nicht komplett dominant zueinander

ck = geringe Verdünnung (Dunkel-Sepia, Buff), es verdünnt braunes Pigment um etwa 1/5 und rotes um etwa 1/2)
cd = ebenfalls eine geringe Verdünnung (Schwarz ist mehr betroffen als bei ck, wird um etwa 2/5 verdünnt)
cr = Rot/Gelb-Unterdrückungsfaktor (Rot/Gelb wird zu Weiß, auch der Chinchillafaktor genannt, Schwarz/Braun wird kaum angegriffen)
ca = Himalayafaktor (verantwortlich für die Himalayazeichnung, in mancher Literatur auch ch genannt)
c = wäre ein Albino, jedoch sind pigmentlose, rotäugige Meerschweinchen genetisch fast immer eine Kombination von ca und e

Bei den Kaninchen liegt der Faktor für Sable (Marder) auf dem C-Faktor. Noch ist nicht genau bekannt, ob dies bei den Meerschweinchen ebenfalls der Fall ist.

Der E-Faktor
Es gibt hier drei Mutationen. Der E-Faktor beeinflusst das Verhältnis von schwarzem/braunem zu rotem/gelbem Pigment und die Verteilung dieser Farben über den Körper (Extension)

E = Schwarz oder Schokolade und die Verdünnungen davon (Lilac, Beige)
e(p)= zweifarbig Schwarz und Rot: Schildpatt, Japaner und Brindle
e = einfarbig Rot oder die Verdünnungen davon (Gold, Safran, Buff, Creme, Weiß), alles Schwarz/ Braun wird unterdrückt

Der P-Faktor
Der P-Faktor hat extremen Einfluss auf schwarzes bzw. braunes Pigment, der Effekt auf Phaeomelanin ist sehr gering:

P = dunkle Augen
pr = Rubinauge (nicht Feuerauge!), eventuell für die Farbe Slate Blue (dessen Formel nicht genau geklärt ist) und Gold-Dunkelauge verantwortlich
p = rote Augen (durch den starken Effekt auf Eumelanin wird z. B. bei einem schwarzen Tier durch pp Schwarz zu Lilac verdünnt)

Der S-Faktor
Durch diesen Scheckungsfaktor (Spotting Gene) entstehen weiße Flecken am Tier, in verschiedenen Größen und Formen. Der genaue Anteil an Weißscheckung scheint durch zusätzliche, nicht bekannte Gene bestimmt zu werden.

SS = keine weiße Scheckung
Ss = weniger als 50 % weiße Scheckung
ss = mehr als 50 % weiße Scheckung

Der Rs-Faktor

Dieses Gen, auch Dalamatinerfaktor oder Letalfaktor (Roaning and Spotting Gene, auch Rn) genannt, bringt die Dalmatiner- und Schimmelzeichnung hervor. Es handelt sich um ein Gen, das reinerbig (also RsRs) zur Lebensunfähigkeit führt. Dalmatiner und Schimmel sind Träger des Letalfaktors (Rsrs). Verpaart man aber Dalmatiner und/oder Schimmel miteinander, wird der Faktor verdoppelt und es entstehen weiße, meist nicht lebensfähige Tiere, die gewöhnlich extreme Zahnfehlstellungen und Augendeformationen oder keine Augen haben. Daher auf keinen Fall Schimmel und/oder Dalmatiner miteinander verpaaren, sondern immer einen Schimmel/Dalmatiner mit einem einfarbigen Tier verpaaren. Da nicht auszuschließen ist, dass ein weißes Tier ein so genannter „versteckter" Schimmel oder Dalmatiner ist, sollte man auch ein solches Exemplar für diese Paarungskonstellation vermeiden. Schimmel und Dalmatiner tragen nur das Gen, sind selbst aber nicht krank oder lebensunfähig.

RsRs = bei Reinerbigkeit (RsRs) lebensunfähige Tiere
Rsrs = Dalmatiner und Schimmel

Es kann davon ausgegangen werden, dass in den heutigen Zuchtstämmen von Dalmatinern und vor allem Schimmeln nur noch der Rs-Faktor zu finden ist und durch Zuchtauswahl die unterschiedlichen Zeichnungen von Schimmel und Dalmatiner hervorgebracht werden, während ursprünglich mehrere Faktoren dafür verantwortlich waren.
Einige weitere, deutlich weniger bekannte Faktoren rufen ebenfalls eine „Schimmelung" bzw. „Versilberung" hervor:

Der Si-Faktor

Vermutlich derselbe Faktor, der anderweitig auch als Ro (für Roan) bezeichnet wird/wurde. Es handelt sich um einen halb rezessiven Schimmelfaktor. Verpaarungen von sisi x sisi ergeben Nachkommen, die entweder jung sterben oder bei Überleben unfruchtbar sind.

Sisi zeigen etwas Versilberung/Schimmelung
sisi normalerweise völlig mit Schimmelzeichnung

Hierdurch entstehen die so genannten Magpies. Es handelt sich hierbei nicht um einen letalen Faktor, diese Tiere können ohne Probleme miteinander verpaart werden. Exemplare mit diesem Faktor werden häufig irrtümlich für Schimmel gehalten. Durch die Verbindung von Exemplaren mit c^rc^r (die kein Rot im Fell haben) mit e^pe^p (Brindle oder Schildpatt) werden die roten (oder anderen Farben der Rotreihe) Haare beim Brindle zu Weiß, wodurch ein Silber-Brindle entsteht – mit Feueraugen und leicht verdünntem Schwarz oder Schoko. Bei e^pe^p, also Schildpatt, entstehen so schwarze oder schokofarbene Brindlefelder sowie weiße Farbfelder beim so genannten Magpie. Die weißen Felder entstehen hier nicht durch den Scheckenfaktor, sondern durch die Wirkung des Faktors c^rc^r auf Rot. Dadurch kann auch kein Rot vorkommen, d. h. Magpies sind immer aus der Schwarzreihe. Auch möglich mit Silber- oder Cinnamonagouti, aber nicht gut sichtbar, da die Agoutihaare schon weiße Bänderung haben.

Der Gr-Faktor

Dieser Faktor (Grizzling Gene) tritt bei Tieren normalerweise im Alter zwischen zwei und vier Monaten auf und zeigt sich durch weiße Stichelhaare in schwarzem, braunem und rotem Fell, kann je nach Haarwachstum kommen und wieder gehen. Bei starker Verbreitung im Fell sehen auch diese Tiere aus wie Schimmel, haben aber (außer bei Schoko) keine Feueraugen. Laut Literatur nicht vollständig rezessiv.

Der W-Faktor

Dieses Gen (Whitish Gene) verursacht wenige weiße Haare nur in schwarzen und braunen Farbfeldern (nicht in Farben der Rotreihe), meist im Alter von 3–4 Wochen, die aber mit dem Wachstum des Tieres wieder ausfallen. Hier handelt es sich wahrscheinlich um die Stichelhaare, die wir sehr häufig bei US-Teddys in den schokofarbenen Farbfeldern beobachten.

Der Dinginess-Faktor

Ein Faktor, der recht häufig zu beobachten ist. Er verursacht, dass bei Schoko (der Faktor hat kaum Effekt auf Schwarz) ein Teil der Haare sehr viel heller ist als der Rest (also ein ganz helles Beige), wodurch auch hier eine gleichmäßige Schimmelung entsteht. Dies scheint von mehreren, bisher noch nicht bekannten Faktoren abhängig zu sein und mit partieller Unterdrückung des braunen Eumelanins verbunden zu sein. In den letzten Jahren wurden ab und zu Glatthaartiere in Schoko-Rot-Weiß gesehen, deren schokofarbene Farbfelder durch diesen Faktor komplett durchgeschimmelt waren.

Desgleichen scheint auch dieser Faktor für die so genannte „Vierfarbigkeit" von Lilac-Gold-Weißen und Beige-Gold-Weißen Tieren zuständig zu sein. Hier betrifft es nicht einen Teil der Haare, sondern komplette Farbfelder, die einen helleren Farbton haben als die übrigen. Man findet dies bei allen Rassen, aber vor allem bei US-Teddys.

Die Erbformeln der Farben des Meerschweinchens

ABCEP ABCEP	Goldagouti, alle Faktoren sind dominant = Wildfarbe
arBCEP arBCEP	Goldagouti Solid
atBCEP atBCEP	Black Tan
atbCEP atbCEP	Schokolade Tan
ABCepP ABCepP	Goldagouti-Rot, durch ep wird Rotscheckung zugelassen, gilt für alle Farben kombiniert mit Rot
AbCEP AbCEP	Orangeagouti, B wird zu b, Schwarz wird zu Braun
ABcrEP ABcrEP	Silberagouti, C wird zu c(r), c(r) ersetzt die roten Haarspitzen durch Silber
AbcrEP AbcrEP	Cinnamonagouti
ABcdEP AbcdEP	Grauagouti, Kreuzung zwischen Silber und Buff
AbcrEP oder AbcäP AbcdEP	Cremeagouti
ABCEp ABCEp	Salmagouti, durch den P-Faktor wird Schwarz zu Lilac und Rot zu „Salm"
AbcrEp AbcrEp	Lilac-Weiß-Argente oder Lilac-Weiß-Agouti
aBCEP aBCEP	Schwarz, Goldagouti ohne Agoutifaktor = einfarbig schwarz
aBCEpr aBCEpr	Slate Blue, P wird zu pr, Schwarz wird verdünnt, Rubinauge (nicht eindeutig geklärt)
abCEP abCEP	Schokolade, Nichtagouti, b macht Schwarz zu Braun

aBCEp aBCEp	Lilac, Nichtagouti, p verdünnt Schwarz zu Lilac
abCEp abCEp	Beige, Nichtagouti, p verdünnt Braun (Schoko) zu Beige
aBCeP aBCeP	Rot, hier gibt es eine Besonderheit: Durch ee wird alles Schwarze überdeckt, jedes Tier aus der Rotlinie (= rot, gold, safran, buff, creme, weiß und alle diese Farben mit Weiß) kann aber ein Agouti sein. Wir gehen hier aber von reinerbigen Tieren aus = Nichtagouti.
aBCep aBCep	Gold mit roten Augen
abCeP abCeP	Gold mit dunklen Augen
aBcdep aBcdep	Safran, Buff mit roten Augen, in anderer Literatur häufig ckck
aBcdeP aBcdeP	Buff, oder ckck
aBcdeP aBcäP	Creme, nicht reinerbig, Mischung aus Buff und Weiß
aBcreP aBcreP	Weiß-Dunkelauge, aus Rotliniefarben wird durch cr Silber (Weiß)
aBcäP aBcäP	Weiß-Rotauge, e mit ca gibt reinweißes Tier mit roten Augen, bei Weiß-Dunkelauge und Weiß-Rotauge erfolgt die Verdünnung zu Weiß nicht durch den P-Faktor, sondern durch cr bzw. ca mit e, dadurch jeweils P
aBcäP aBcäP	Himalaya-Schwarz, auch hier die Verdünnung durch c(a), aber E lässt Schwarz zu, daher die schwarzen Extremitäten. Das Gleiche mit bb = Himalaya-Schoko
aBCEPs aBCEPs	Holländer-Schwarz oder jedes andere schwarze Tier mit Weißscheckung
aBcdePs aBcäPs	Holländer-Creme oder creme-weißes Tier
aBCepPs aBCepPs	Schildpatt mit Weiß, schwarz-rotes Tier mit Weißscheckung
aBCepP aBCepP	Brindle, Japaner oder Schildpatt, schwarz-rotes Tier ohne Weißanteil
aBCEPSRs aBCEPSrs	Dalmatiner oder Schimmel in Schwarz (RsRs Letalfaktor!)

Zuchtmethoden

Man unterscheidet zwischen Inzucht (s. „Vermeidung von Inzucht", S. 139), Linienzucht und Fremdlinienzucht. Bei Meerschweinchen hat sich die Linienzucht sehr bewährt. Hier geht man von zwei nicht verwandten Tieren aus, die keine bekannten genetischen Krankheiten oder offensichtlichen Standardfehler aufweisen. Das Prinzip dieser Zuchtmethode ist es, die männlichen Jungtiere dieser Verbindung immer mit der Mutter und die weiblichen immer mit dem Vater zu verpaaren, dies wird in jeder Generation fortgesetzt (zunächst also auch eine Form von Inzucht). Dadurch vergrößert sich auf beiden Seiten jeweils immer mehr der Genanteil der Mutter und auf der anderen Seite der des Vaters. Nach mehreren Generationen kann man dann wieder ohne Bedenken diese Linien untereinander verpaaren, da sie genetisch weit genug auseinander gedriftet sind, ohne die Merkmale der gewünschten Rasse zu verlieren.
Sollten in den Ausgangstieren verdeckte genetische Krankheiten oder Fehler vorhanden sein, würden sich diese in den ersten Rückverpaarungen schon zeigen, dann wären diese Tiere nicht für diese Zuchtmethode geeignet. Zeigen sich allerdings keinerlei Probleme, und züchtet man außerdem immer mit den „besten" Jungtieren der Würfe weiter, wird man eine immer gleichmäßigere, gute Qualität an Tieren züchten, bei denen keine Standard-Fehler mehr auftreten werden. Viele Meerschweinchenlinien sind zudem genetisch derart gefestigt, dass es trotz der Linienzucht äußerst selten zu Inzuchterscheinungen bei den Jungen kommt. Ist dies nicht der Fall, sind nur durch bewusstes Einkreuzen fremder Linien derselben Rasse Zuchtfortschritte zu erzielen und Inzucht auszuschließen.

Um bestimmte Farben oder Rassen gezielt zu züchten, wird häufig Linienzucht angewendet. Foto: U. Schanz

Alle US-Teddys in Deutschland stammen von wenigen Ausgangstieren ab, heute gibt es viele Zuchtlinien. Foto: C. Ehrlich

Die andere Methode ist das Verpaaren nicht verwandter Tiere (auch Outcrossing oder Auszucht genannt), wobei die Auswahl der Zuchttiere nach Ähnlichkeit (Auswahlzucht) erfolgt. Dies hat den Vorteil, dass eine Verwandtschaft der Ausgangstiere (und damit Inzucht) ausgeschlossen ist. Aber verdeckte Fehler oder Genschäden können hier immer weitergegeben werden, ohne dass man sie wie bei der Linienzucht gleich entdeckt. Dazu kommt, dass Züchter davon überzeugt sind, dass man auf diese Weise nie die „Qualität" an Tieren erhält wie bei der Linienzucht, da beim Verpaaren von Fremdbluttieren fast nie so gute Ergebnisse erzielt werden können, vor allem, wenn die beiden Linien aus irgendwelchen Gründen nicht „zusammen passen". Befürworter dieser Zuchtmethode wollen damit die genetische Vielfalt (und damit u. U. auch Vitalität) der Tiere erhalten, Gegner führen an, dass dadurch vorher nicht ausgeprägte Erbdefekte verbreitet werden können.
Fakt ist, dass die Linienzucht bei erfolgreichen Meerschweinchenzüchtern am häufigsten angewandt wird und die meisten auch darauf schwören, um gute Ausstellungstiere zu erzüchten. Dies ist bei Katzen-, Hunde-, Geflügel- oder Kaninchenzüchtern auch nicht anders. Die Chance, ein ausstellungsreifes Tier in den Würfen zu haben, ist bei dieser Methode schließlich ziemlich groß. Zucht durch Outcrossing ist zwar aus Gesichtspunkten der Inzuchtvermeidung (s. u.) besser – bis die entsprechenden Rassetiere erzüchtet sind, kann es jedoch dauern …

Bei der Zucht von Rassemeerschweinchen (hier: Peruaner in Schoko-Rot) muss auf die Vermeidung von Inzucht geachtet werden. Foto: C. Ehrlich

Vermeidung von Inzucht

Unter Inzucht versteht man die Fortpflanzung unter nahen Blutsverwandten, also Elterntieren mit Jungen oder Verpaarungen zwischen Vollgeschwistern. Bei gefestigten Linien, deren Mitglieder alle ein sehr ähnliches Genom besitzen, führt die Inzucht selten zu Schädigungen (das zeigen langjährige Laborlinienzuchten). Inzucht in Maßen ist daher eine nicht selten angewandte Methode, um bestimmte Rassemerkmale zu erhalten, aber auch, um Gendefekte sofort aufzudecken. Trotzdem bleibt die Inzucht ein heikles Thema der Rassezucht (und zwar nicht nur bei Meerschweinchen).

Die Praxis hat gezeigt, dass ständige Inzucht zu Inzuchtdepressionen führen kann, z. B. werden die Tiere kleinwüchsiger, es kommt zu höherer Jungtiersterblichkeit, es treten Probleme bei der Fortpflanzung auf etc. Inzucht sollte daher unbedingt weitgehend vermieden und vor allem nicht dauerhaft durchgeführt werden – den Tieren zuliebe! Wer keine Rassemeerschweinchen züchten möchte und nicht auf den Standard achten „muss“, ist daher gut beraten, zwei möglichst unverwandte Tiere miteinander zu verpaaren, um einen gesunden Wurf Liebhabertiere zu bekommen.

Der Grund der Probleme bei der Inzucht liegt in der genetischen Verarmung der beteiligten Individuen. Durch das ständige Verpaaren naher Verwandter nimmt die

Anzahl an unterschiedlichen Genen im Erbgut der Tiere stetig ab. Eine hohe Gendiversität trägt dazu bei, dass Gene, die für das Tier ungünstig sind (Krankheiten auslösen oder beispielsweise für Zwergwuchs sorgen), durch „gesunde“ Gene ausgeglichen werden (bei heterozygotem Auftreten). Fehlen diese, kommt es häufiger zu so genannten Genschäden. Bitte vermeiden Sie daher Inzucht, wann immer es geht!

Papiere und Zuchtbücher

Eine gewissenhaft geführte Zucht kommt auch aufgrund der Inzucht-Problematik nicht ohne eine genaue Zuchtbuchführung aus, die jedoch ohnehin für das Erstellen der korrekten Stammbäume unerlässlich ist. Dies fängt schon damit an, dass man Verpaarungen so arrangiert, dass der Wurf nicht falsch zugeordnet werden kann. Auf keinen Fall sollte man Zuchtweibchen von einem zum anderen Bock setzen und das vielleicht auch noch mehrmals. Dadurch könnte man den Wurf später nicht einem bestimmten Vatertier zuordnen kann, die Korrektheit der Stammbäume wäre nicht mehr gewährleistet. Viele Züchter einfarbiger Tiere kennzeichnen ihre Zuchttiere mit kleinen Ohrmarken, um Verwechslungen von Exemplaren auszuschließen, die sich im Äußeren sehr ähneln. Zur korrekten Zucht gehört auch das Trennen der Jungböcke im Wurf von der Mutter, bevor sie zuchtfähig sind (siehe auch „Jungenaufzucht“, S. 149), um zu vermeiden, dass eines der Jungböckchen die Mutter deckt. Auch hier könnte man später keinen ganz korrekten Stammbaum erstellen. Es hat sich in der Praxis bewährt, für jedes Tier ein Zuchtblatt zu führen, das in etwa so aussehen sollte:

Name des Zuchtweibchens	Rasse	Farbe	Geburtsdatum			
gedeckt von	Rasse	Farbe	Datum der Verpaarung	Wurfdatum	Jungtiere	Bemerkungen

Bei jeder Verpaarung füllt man für das Weibchen und das Männchen jeweils ein solches Blatt aus (beim Männchen muss dieses natürlich entsprechend angepasst werden). Kommt der Wurf, trägt man das Wurfdatum und die Jungtiere ein (auch wiederum mit Rasse, Farbe, Geschlecht, Geburtsgewicht usw.). Unter Bemerkungen passen Notizen über die „Qualität“ der Tiere, evtl. Fehler oder unerwünschte Eigenschaften. Bei konsequenter Zuchtbuchführung hat man einen genauen Überblick darüber, welche Verpaarungen von Vorteil waren, wie viele Würfe z. B. ein Weibchen hatte u. v. a. Zusätzlich kann man noch ein so genanntes Zuchtbuch führen, in dem man alle Würfe chronologisch aufführt.

Anhand solcher Unterlagen lassen sich dann die Stammbäume schreiben. Inzwischen gibt es auch verschiedene sehr gute Züchter-Computerprogramme, die Stammbäume erstellen, manche bieten auch unterschiedliche Statistiken an. Die Einträge entsprechen in etwa denen auf dem oben angegebenen Zuchtblatt.

Auswahl der Zuchttiere

Grundsätzlich ist natürlich das Wichtigste bei der Auswahl der Zuchttiere, in jeder Hinsicht gesunde Meerschweinchen zu erhalten. Denn auch eine noch so schöne, klare Färbung oder Zeichnung kann ein gesundes Tier mit langem Leben niemals ersetzen (s. „Erwerb", S. 49). Besteht der Wunsch nach einer Rassezucht, gibt es zudem einige standardbedingte Auswahlkriterien.

Wenn man beim Züchten in erster Linie den Standard und späteres Ausstellen im Kopf hat, ist es sehr wichtig, sich vor dem Kauf der ersten Zuchttiere bei einem erfahrenen Züchter genau zu informieren. Ein ehrlicher Züchter wird einem Neuling gute Informationen und auch dementsprechende Tiere für den Start geben. Wichtig ist zu wissen, welche Rassen und welche Farben man problemlos kombinieren kann und welche nicht, z. B. Rex nicht mit Teddy, Rosetten nicht mit Glatthaar- oder Strukturtieren (also Tieren mit gekräuselten oder gelockten Harren), Langhaar- nicht mit Kurzhaartieren usw.

Platzproblematik

Vor Beginn der Zucht sollte man sich ganz genau überlegen, wie viele Tiere man halten kann. Dies ist entscheidend, denn u. U. (bei entsprechend geringem Platz) sollte der Züchter lieber eine Rasse oder einen Farbschlag weniger züchten und dafür ein paar richtig gute Zuchttiere pflegen. Vergessen Sie nie, dass für eine erfolgreiche Zucht meistens ein bis zwei Dutzend Zuchttiere als Minimum gelten.

Alle Rassemeerschweinchen besitzen im Normalfall Zuchtpapiere.
Foto: C. Ehrlich

Sicher gibt kein Züchter seine besten Tiere ab, aber bei einem langjährigen Züchter werden auch Exemplare mit kleineren „Mängeln" ausreichend gut sein, um eine erfolgreiche Zucht zu begründen. Mit kleineren Standard-Mängeln sind aber keine Erbfehler gemeint wie z. B. Zahnfehlstellungen, Speckauge, Vielzehigkeit (Polydactylie), sondern z. B. ein leichtes Faltohr, nicht ganz hervorragende Ohrhaltung, bei Rosetten kleinere Rosettenmängeln, etwas helle Farbe u. Ä.. Es ist selbstverständlich, dass man für die Zucht nur gesunde und kräftige Tiere auswählt.

Das wichtigste Prinzip beim Aussuchen zweier Tieren zur Verpaarung ist das der Gegensätze. Was das eine Tier nicht hat, sollte das andere haben. Zeigt z. B. ein Rosetten-Meerschweinchen auf einer Seite eine ungewünschte Doppelrosette, soll das Partnerexemplar dort eine optimale Rosette aufweisen; ein Tier mit schlechter Ohrhaltung sollte man mit einem Meerschweinchen mit sehr großen, besonders schön fallenden Ohren verpaaren; ein Tier mit sehr rundem Kopf unbedingt mit einem Individuum mit längerem Kopf oder ein Tier mit etwas hellerer Farbe mit einem Partner mit sehr intensiver Farbe – dies gilt für alle Merkmale. Natürlich versucht man, auf diese Weise nach und nach die „Qualität" der Tiere hinsichtlich der gewünschten Rassemerkmale zu steigern und verpaart dementsprechend stets diejenigen Exemplare, mit denen man diesem Ziel näher kommen kann.

Für die Zucht ist die Auswahl des Zuchtmännchens, mit dem man anfangen will, entscheidend. Ein Bock gibt seine Erbanlagen (bei der Zucht mit mehreren Weibchen) an alle Würfe weiter, also an bedeutend mehr Jungtiere als jedes Weibchen. Also eher bei den Zuchtweibchen Abstriche in Sachen Standard machen als beim Bock! Da viele Züchter nur eine begrenzte Anzahl an Tieren halten können und dementsprechend wenig Männchen, sieht man auf Schauen immer wieder, dass eher mehr Wert auf die „Qualität" der Weibchen gelegt wird: Schöne weibliche Tiere eines Wurfes werden behalten, die guten Böcke dagegen geben viele Züchter ab, weil sie für ein weiteres Männchen keinen Platz haben. Das ist aus züchterischer Sicht aber grundsätzlich und entscheidend falsch! Damit kommt man auf Dauer nicht weiter.

Grundregel der Zucht: Auf die Männchen kommt es an!
Foto: I. Rezk Salama

Zuchtfähigkeit

700 g sollte ein Zuchtweibchen auf die Waage bringen.
Foto: C. Ehrlich

Abnehmer für die Jungtiere?

Bedenken Sie vor der Verpaarung von Männchen und Weibchen sowie dem Start einer Zucht, dass Sie für all die Meerschweinchenbabys, die Ihnen ab jetzt ins Haus stehen werden, auch Abnehmer benötigen! Es muss von vornherein (!) sichergestellt sein, dass alle Jungen bis zur Abgabe vom Züchter gut untergebracht werden können, zudem sollten bereits Kontakte zu potenziellen Abnehmern bestehen. Kümmern Sie sich frühzeitig um interessierte Halter oder Zoofachgeschäfte mit vernünftigen Verkaufsanlagen, die Ihnen Jungtiere abnehmen – Sie können schließlich nicht alle behalten!

Zuchttiere sollen natürlich gesund sein und eine gute Kondition haben (s. „Gesunderhaltung", S. 162). Zudem ist natürlich die Geschlechtsreife (bei Weibchen jedoch nicht gleichbedeutend mit Zuchtreife, siehe unten) ein entscheidendes Kriterium für die Zuchtfähigkeit. Bei weiblichen Meerschweinchen tritt die Geschlechtsreife normalerweise mit ca. 6 Wochen ein, bei Böcken mit ca. 6–8 Wochen. Aber es ist bei großen Jungtieren in seltenen Fällen auch schon vorgekommen, dass Weibchen mit ca. 3 Wochen gedeckt wurden bzw. dass Böckchen in diesem Alter deckten. Dies sind zwar Ausnahmen, sie sollten aber ein Grund für eine zeitige Geschlechtertrennung der Jungen sein.

Aber natürlich sollten Meerschweinchen nicht direkt nach der Geschlechtsreife miteinander verpaart werden – auch wenn das bei Wildmeerschweinchen Normalität ist. Das richtige Alter für die Zucht (Zuchtreife) liegt beim Weibchen zwischen vier und sechs Monaten sowie bei einem Mindestgewicht von etwa 700 g – aber auch nicht später als acht bis zwölf Monate, da das Becken nach diesem Alter beginnt zu verknöchern und Geburtsprobleme u. U. verursacht. Es kommt also auf die Kondition der Weibchen an. Der Grund hierfür liegt in der für Kleinsäuger außergewöhnlich langen Tragzeit, die gerade im letzten Drittel eine außerordentliche Strapaze für

Stoffwechsel und Kreislauf darstellt – wer schon einmal hochträchtige Meerschweinchen beobachtet hat, kann sich das gut vorstellen! Guter Ernährungs- und Gesundheitszustand sind also die Voraussetzung für eine problemlose Trächtigkeit. Ein geschwächtes Muttertier dagegen wird kaum kräftige Junge bekommen bzw. sie gut versorgen können. Andererseits sollte das Muttertier bei der Anpaarung auch nicht deutlich über 1.000 g wiegen, denn gerade bei schweren Tieren lauert die Gefahr einer lebensbedrohlichen Stoffwechselentgleisung (s. „Trächtigkeitstoxikose", S. 146).
Böcke können generell nach der Geschlechtsreife zum Decken herangezogen werden, aber häufig können sich sehr junge Männchen noch nicht entsprechend bei erwachsenen Zuchtweibchen durchsetzen und erhalten Prügel. Das sollte man auf keinen Fall in Kauf nehmen und den Bock daher vor der ersten Verpaarung lieber mindestens 4–6 Monate alt werden lassen, damit er keine Angst entwickelt und später gar nicht mehr deckt.
Natürlich sollte dem Muttertier nach der Geburt und dem Aufziehen der Babys eine Zuchtpause von bis zu einem halben Jahr vergönnt sein. Lediglich Weibchen mit hervorragender Kondition, die eher zur Fülligkeit neigen und problemlos geworfen haben, können einmal direkt „nachgedeckt" werden, weil dies hier einer späteren Trächtigkeit bei erhöhtem Gewicht vorzuziehen ist. In der Natur ist die Paarung direkt nach der Geburt der Jungen („Post-Partum-Östrus") die Normalität.

Paarungsverhalten

Sind alle erwähnten Punkte geklärt, geht es ans Verpaaren. Hier gibt es verschiedene Methoden, die auch evtl. durch die Haltung bestimmt werden. Züchter, die ihre Weibchen in großen Gruppen halten, bevorzugen es meist, die zukünftige Mutter zum Bock und bei sicherer Trächtigkeit wieder in die Weibchengruppe zu setzen, damit sie dort werfen und ihre Jungen in der Gruppe großziehen kann – dies hat auch für die Jungtiere große (soziale) Vorteile.
Andere Züchter überprüfen dagegen die Brünstigkeit ihrer Weibchen (z. B. aufgrund des Verhaltens) und setzen sie nur kurze Zeit für die Paarung zu einem Bock (der die restliche Zeit z. B. mit einem kastrierten Weibchen oder Männchen zusammenlebt) und sofort wieder zurück in die Gruppe. Durch die kurze Abwesenheit des Tieres kommt es in vielen Fällen nicht zu Streitereien und Rangkämpfen, es gibt aber auch Ausnahmen!
Bei Züchtern mit Käfig- oder Boxenhaltung empfiehlt es sich, den Bock zu dem oder den Weibchen zu setzen und ihn bei deren offensichtlicher Trächtigkeit wieder zu entfernen. Es kann allerdings vorkommen, dass Weibchen, die sich im Beisein des Männchens gut vertragen haben, neue Rangkämpfe ausfechten, wenn dieses fehlt; in den meisten Fällen ist es aber problemlos. Es gibt vereinzelt Fälle, in denen sich ein Paar auch nach längerer Wartezeit nicht verträgt und ständig kämpft. Hält dies

länger als 1–2 Tage an, sollte man das Paar wieder trennen und eine andere Verpaarung vorziehen. Es gibt immer einen Grund, warum sich zwei Tiere nicht verstehen, und dazu kommt der immense Stress für beide, wenn sie ununterbrochen streiten …

Bei der Balz umgarnt der Bock mit lautem Gurren und Hüftwiegen (dem so genannten „Rumba") das Weibchen, wobei er immer wieder mit dem Hinterteil über den Boden rutscht, um zu markieren. Auch beriecht er eifrig das Hinterteil der potenziellen Paarungspartnerin und spritzt gelegentlich Harn. Ist das Weibchen nicht paarungsbereit, also nicht in der Brunst, rennt es vor dem Bock davon und versucht ihn (z. T. unter lautem Schreien) abzuwehren, wobei gelegentlich auch „sie" ihn mit Harn anspritzt.

Ist das Weibchen jedoch in der Brunst, bietet es sich dem Bock mit erhobenem Hinterteil an. Sind zu diesem Zeitpunkt mehrere Männchen im Gehege, wird es sich bevorzugt mit den ranghohen Tieren, aber auch mit rangniedrigeren paaren, um einen

Das paarungsbereite Weibchen präsentiert sich dem balzenden Männchen, bevor es zum Aufreiten und zur Paarung kommt. Fotos: A. Weber

genetisch möglichst vielseitigen Wurf zu haben. Die Gene des Weibchens sind somit mit denen mehrerer „guter“ Männchen kombiniert worden. Nur ganz wenige Würfe haben in der Natur lediglich einen Vater.
In diesen Stunden der Hauptbrunst deckt der Bock dann immer wieder das Weibchen, wonach beide sich gründlich reinigen. Nach erfolgreicher Paarung verschließt ein wachsartiger, weißer Deckpfropfen die Vagina, um zu verhindern, dass das Sperma wieder ausfließt. Nach einiger Zeit fällt dieser Pfropfen heraus.
Genaueres zu den einzelnen Verhaltensweisen vor und während der Paarung finden Sie im Ethogramm im Kapitel „Meerschweinchen-Verhalten“ auf Seite 22.

Trächtigkeit

Die Trächtigkeit dauert bei Meerschweinchen für Nager sehr lange 68 Tage (Durchschnitt!), maximal wurden auch schon 72 Trächtigkeitstage festgestellt, minimal 64. Meistens ist die Trächtigkeit bei größeren Würfen kürzer, aber eben nicht immer. Kurz nach der Paarung wird kaum ein Halter die Trächtigkeit feststellen: Verhalten und Körpermaße des Weibchens sind völlig normal, erst etwa zwei Wochen vor der Geburt ist der Körperumfang des Weibchen so weit angewachsen, dass es eigentlich nicht mehr zu übersehen ist. Bei diesen Nagern erkennt man also häufig erst sehr spät die Trächtigkeit, bei kleinen Würfen und kräftigen Weibchen gelegentlich sogar erst wenige Tage vor der Geburt. Halter, die eine regelmäßige Gewichtskontrolle bei ihren Tieren durchführen, werden eine Trächtigkeit aber in der Regel immer feststellen, denn die Gewichtszunahme des Weibchens ist spätestens ab der dritten oder vierten Woche auffällig.
Ab der siebten Trächtigkeitswoche kann der geübte Halter vorsichtig nach den Jungen tasten und erste Bewegungen der Babys spüren. Ein weiterer Hinweis auf eine Trächtigkeit ist das Anschwellen der Zitzen, was schon etwa sechs Wochen vor der Geburt beginnen kann.

Weibchen am 67. Tag der Trächtigkeit
Foto: C. Ehrlich

Während der Trächtigkeit (und auch später beim Säugen) benötigt das Meerschweinchen-Weibchen einen leicht erhöhten Eiweißanteil im Futter, etwa durch eine wöchentliche Gabe von einigen Brocken Katzentrockenfutter. Zu dieser Zeit sollte der Halter noch mehr als sonst darauf achten, dass das Weibchen stets Heu als Hauptfutter zur Verfügung hat – es muss quasi ständig fressen können.

Geburt

Die Geburt von Meerschweinchen ist ein wundervoller und gleichzeitig spannender Moment, wirklich etwas ganz Besonderes. Es ist natürlich ein tolles Erlebnis, als Halter dabei zu sein, in vielen Fällen klappt das aber nicht, denn die Geburt verläuft im Normalfall innerhalb einer halben bis einer Stunde und zudem häufig in den extrem frühen Morgenstunden oder auch nachts. Rund um den Geburtstermin sollte der Halter jedoch Zeit haben, um sein Zuchttier im Auge zu behalten – und im Fall der Fälle eingreifen zu können, wenn es Komplikationen gibt.

Bei erstgebärenden Weibchen sind die Würfe meistens sehr klein, sie umfassen häufig nur 1–2 Junge, während erfahrene und kräftige Weibchen bis zu sieben Junge zur Welt bringen können. Das Einsetzen der Geburt kann der geübte Halter anhand der Weite der Schambeinfuge des Weibchens feststellen (ein Spalt zwischen zwei Knochen in der Genitalregion). Ist diese etwa daumenbreit (ca. 1,5 cm) eröffnet, kann es bis zur Geburt nicht mehr lange dauern. Eine von anderen Kleinsäugern bekannte Unruhe vor der Geburt gibt es bei Meerschweinchen dagegen nicht, schon

Der erste Atemzug: Das Meerschweinchen-Baby ist seit 30 Sekunden auf der Welt.
Foto: C. Ehrlich

Die Jungtiere werden komplett trocken geleckt.
Foto: C. Ehrlich

alleine, weil die Tiere keinerlei Nest bauen. Viele Weibchen fressen noch bis wenige Minuten vor der Geburt scheinbar völlig ruhig.
Das geschulte Auge kann wenige Minuten vor der Geburt die einsetzenden Presswehen erkennen, die oft nach und nach in ein Aufbäumen oder plötzliches Zucken und Durchdrücken des Rückens übergehen. Dann tritt die Fruchtblase aus. Schließlich nimmt das Tier eine hockende Stellung ein, drückt das Junge heraus oder hilft durch ziehenden Einsatz der Zähne etwas nach. Dies ist vor allem bei unerfahrenen Müttern der heikelste Moment, denn gelegentlich kommt es vor, dass die Tiere noch nicht genau wissen, was sie machen müssen, um das Junge gesund zur Welt zu bringen – insbesondere, wenn sie zuvor niemals bei einem anderen Weibchen der Gruppe eine Geburt miterlebt haben. So kommt es vor, dass das Junge im Geburtskanal stecken bleibt oder die Mutter die Fruchthülle zu spät eröffnet und die Nase freileckt, um dem Nachwuchs das Atmen zu ermöglichen. Im schlimmsten Fall führen solche Ereignisse zum Tod des Babys oder gar von Mutter und allen Jungen. Da ist es hilfreich, wenn die helfende Hand des Halters eingreifen kann und z. B. das Baby herauszieht oder schnell

Das Muttertier frisst die proteinreiche Nachgeburt.
Foto: C. Ehrlich

die Fruchthülle (Eihaut) aufreißt und die Nase freilegt. Normalerweise lassen zahme Meerschweinchen dies ohne Probleme zu. Die Jungen werden mit dem Kopf voran geboren, jede andere Stellung sorgt ebenfalls für Komplikationen.
Nach der Geburt des ersten Jungtiers folgen bei Mehrlingswürfen in immer kürzeren Abständen die Geschwister; das geringere Intervall liegt an dem inzwischen geweiteten Geburtskanal. Durch die schnelle Abfolge verlieren junge Weibchen manchmal den Überblick und lecken ein Junges nicht frei, sodass es erstickt. Erfahrenere Tiere sind sehr routiniert und arbeiten ein Jungen nach dem anderen ab. Schon nach wenigen Sekunden bis Minuten beginnen die Kleinen, sich selbstständig zu bewegen, bereits nach einigen Stunden versuchen sie zu laufen und aktiv zu den Zitzen des Weibchens zu gelangen – ein wahrlich toller Moment!
Meerschweinchenbabys haben bei der Geburt ihr komplettes (wenn auch noch dünnes) Fell, ihre bleibenden Zähne, können sehen und hören – echte Nestflüchter eben. Normalerweise wiegen die Kleinen bei der Geburt 60–80 g, geringere Gewichte gibt es vor allem bei (zu) jungen und unterernährten Müttern sowie bei großen Würfen. Besonders bei Rassemeerschweinchen tritt zudem gelegentlich das Problem zu großer Jungtiere von teilweise über 100 g auf, was für komplizierte Geburten sorgen kann; häufig überleben diese großen Nachkommen die Geburt wegen der langwierigen und schweren Passage des Geburtskanals nicht. Die Schambeinfuge ist spätestens zwei Wochen nach der Geburt wieder völlig „geschlossen" und nicht mehr zu ertasten.

Jungenaufzucht

Glücklicherweise gibt es bei der Aufzucht der Jungen recht wenige Probleme. Trotz des Vorhandenseins nur zweier Zitzen ziehen die Mütter auch problemlos

Erste Mahlzeit: Meerschweinchen haben nur zwei Zitzen. Foto: A. Weber

Meerschweinchen sind Nestflüchter … Foto: C. Ehrlich

bis zu sechs Junge auf. Da Meerschweinchen Nestflüchter sind und mit ihren endgültigen Zähnen auf die Welt kommen, können sie schon nach wenigen Stunden bis Tagen selbst fressen. Trotzdem ist die Muttermilch extrem wichtig, vor allem am Anfang zur Immunisierung.

Zum Säugen rennen die Jungtiere ihrer Mutter so lange nach, bis sie sich unter sie drängeln dürfen. Während des Säugens putzt und leckt sie zudem ihre Babys, um die Verdauung anzuregen. Um das selbstständige Fressen der Jungtiere zu fördern, kann man in dieser Zeit dem Trockenfutter Haferflocken beimischen, die sehr gerne von den Babys genommen werden, weil sie leicht zu fressen sind. Manchmal lernen die Jungen schon nach wenigen Tagen von ihrer Mutter, an der Wasserflasche zu trinken.

Mütter mit etwa gleichaltrigen Babys kann man problemlos zusammen ihre Jungen aufziehen lassen, manche bilden einen wahren „Kindergarten" aller Jungen. Waren die Mütter auch während der Trächtigkeit zusammen, werden sie sogar meistens gemeinsam die Würfe großziehen. Allerdings sollte man ein Weibchen mit einem Wurf, der schon bedeutend älter ist, lieber nicht bei Neugeborenen eines anderen Tieres belassen, da sonst die Größeren allen anderen die Milch wegtrinken.

Je länger die Jungen bei ihrer Mutter bleiben können, umso besser ist es für ihre Entwicklung. Auf jeden Fall mindestens drei Wochen, besser bis zu vier Wochen dürfen die Kleinen beim Muttertier sein, dann sollte man wenigstens die männlichen Jungtiere herausnehmen, damit eventuell „frühreife Gesellen" nicht ihre Mutter und/oder Wurfschwestern decken. Ist kein männliches Tier in der Gruppe, kann man ohne weiteres die weiblichen Jungtiere bei der Mutter belassen. Zwischen der dritten und vierten Woche beginnen die Mütter, ihre Jungen zu entwöhnen und jagen sie manchmal sogar weg, wenn diese saugen wollen (manche Mütter gehen dabei nicht zimperlich mit ihren Babys um, zu Beißereien kommt es aber gewöhnlich nicht). Die Jungtiere reagieren vor allem anfangs mit jämmerlichem Quieken und lautem Protest.

… und schon nach wenigen Stunden sehr aktiv. Foto: A. Weber

Wenn man die Jungtiere von der Mutter trennt, ist es für die weitere Entwicklung der Kleinen wichtig, dass sie zu mindestens einem erwachsenen Tier kommen, damit die „Erziehung“ (sprich: das Erlernen der sozialen Kompetenz) weitergeht. Junge fechten untereinander manchmal erbitterte Rangkämpfe aus, wobei ein erwachsenes Tier ebenfalls ausgleichend eingreift. Die besten Erfahrungen machen die meisten Züchter mit mehreren Jungtieren (männlich oder weiblich) bei einem erwachsenen Tier.

Zwei Wochen altes Meerschweinchen mit seiner Mutter
Foto: C. Ehrlich

Handaufzucht

Schwierig wird es, wenn das Muttertier stirbt oder aus einem anderen Grund ihre Jungen nicht oder nicht mehr aufziehen kann. Sind die Babys schon über eine Woche alt, ist dies natürlich nicht so problematisch wie bei Neugeborenen. Die beste Lösung ist selbstverständlich eine Amme, denn die Muttermilch ist schwer zu ersetzen. Hat man Weibchen, die mit ihrem Wurf nicht schon völlig ausgelastet sind (also nicht selbst schon vier oder mehr Babys haben), kann man versuchen, den verwaisten Wurf „unterzuschieben“ bzw. auf mehrere andere Mütter aufzuteilen. Recht selten werden die Waisen nicht angenommen, wenn der eigene Wurf weniger als eine Woche alt ist.

Sind die eigenen Babys schon bedeutend älter, kann es sein, dass die Mutter die Waisen ablehnt. In diesem Falle müssen sie sofort wieder entfernt werden, denn die fremde Mutter wird sie gnadenlos jagen und auch wegbeißen. Wenn alle Stricke reißen und keine Amme verfügbar ist, muss man sich an die Handaufzucht machen. In den ersten Tagen muss man die Neugeborenen ca. alle zwei Stunden mit einer Pipette oder Einwegspritze ohne Nadel füttern und danach immer die

Analgegend der Jungtiere leicht mit einem Finger zur Verdauungsstimulation massieren.

Als Milchersatz bieten sich etliche Produkte an. Wir haben sehr gute Erfahrungen mit Welpen-Aufzuchtsmilch gemacht, die allerdings sehr viel dünner angerührt werden muss als für Welpen vorgeschrieben. Wie genau das Mischungsverhältnis sein muss, hängt von Ersatzmilchprodukt ab, doppelt so viel Wasser ist aber auf jeden Fall angebracht; danach sollte man sehen, wie das Jungtier reagiert, wenn es sehr wenig Urin absetzt, sollte man mehr Flüssigkeit geben! Kontaktieren Sie in solchen Fällen auch immer einen erfahrenen Tierarzt! Befreundete Züchter haben außerdem erfolgreich Würfe mit Baby-Erstlings- oder -heilnahrung, Katzen-Aufzuchtsmilch und sogar in Zooläden erhältlicher Nagermilch aufgezogen. Überstehen die Babys die ersten kritischen Tage, kann man auf nächtliche Fütterungen verzichten und auch die Dauer zwischen den Fütterungen vergrößern, wobei man gleichzeitig die Milch mit Erstlings-Karottenbrei oder Schmelzflocken etwas andickt.

Geht dies alles gut, sind die Jungen normalerweise mit ca. zwei Wochen aus dem Gröbsten raus, und man kann sie nach und nach im Verlauf der nächsten 1–2 Wochen entwöhnen. Dies ist mit ziemlicher Schreierei verbunden, aber da muss man selbst – und auch die Babys – durch, denn sie sollten auch bei Handaufzucht mit 3–4 Wochen selbstständig sein. Während der Handaufzucht ist es von größtem Vorteil, wenn die Jungen bei einem oder zwei erwachsenen Weibchen (bzw. einem kastriertem Bock) sitzen, damit sie gewärmt werden und von den Erwachsenen alles lernen, was sie für ihr Leben wissen müssen, dies gilt vor allem auch für ein gesundes Sozialverhalten. Besteht diese Möglichkeit absolut nicht, sollten die Jungtiere in den ersten Tagen unter einer Infrarotlampe liegen können (Vorsicht vor Überhitzung!).

Die Handaufzucht von Meerschweinchen-Babys ist alles andere als einfach. Foto: C. Ehrlich

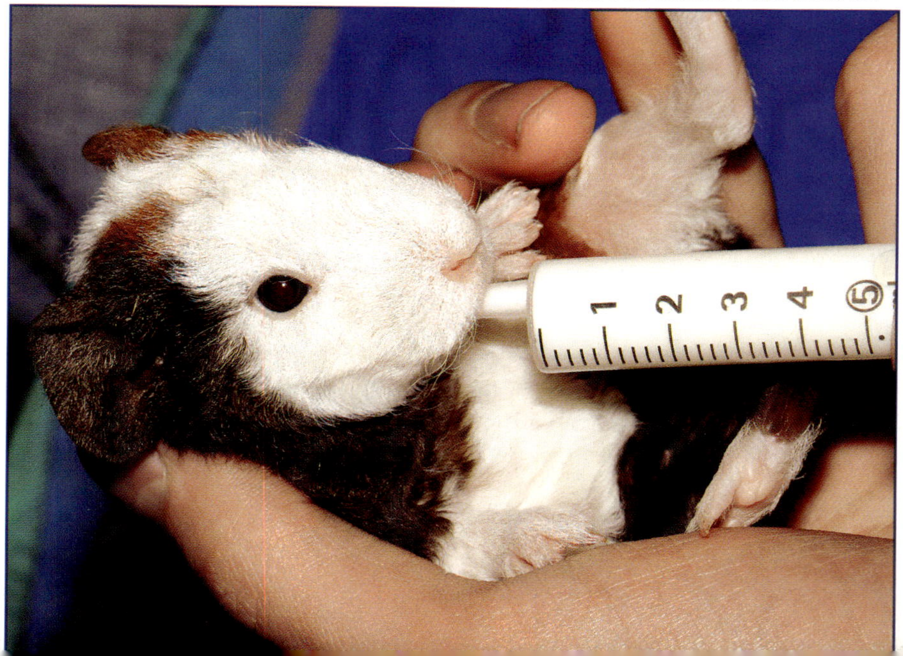

Ausstellungen

In den vergangenen Jahren stieg die Zahl der Meerschweinchen-Ausstellungen rasant. Mehrere deutsche Vereine veranstalten inzwischen solche Schauen, auf denen teilweise mehrere Hundert Meerschweinchen bewertet werden. In der Regel findet man dort vor allem Rassemeerschweinchen bzw. Cavias, wie man sie seit einiger Zeit offiziell nennt. Aber auch Liebhabermeerschweinchen ohne bestimmte Rasse können hier gezeigt werden. Ob ein Meerschweinchenhalter seine Tiere ausstellen möchte oder nicht, das bleibt natürlich jedem selbst überlassen. Hier sollen nur einige Grundlagen der Zurschaustellung von Meerschweinchen vermittelt werden. Weitere Informationen geben die für die Ausstellungen zuständigen Koordinatoren in den Vereinen.

Wie kann ich ausstellen?

Ausstellen kann jeder, die Beweggründe dafür sind aber vielfältig. Es gibt Halter von zwei oder drei Meerschweinchen, die einfach gerne ihre Tiere anderen Menschen zeigen wollen. Dann sind da Züchter, die gerne herausfinden möchten, wo

Glatthaar-Meerschweinchen während einer Ausstellung Foto: C. Ehrlich

sie mit ihren Tieren im Vergleich zu anderen Ausstellern im Sinne des Standards (siehe auch „Bewertungskriterien“, S. 160) stehen. Vor allem am Anfang der Zucht ist es vielen Ausstellern einfach wichtig, eine Bewertung ihrer Tiere oder ihrer ersten Zuchterfolge zu bekommen. Auch für den erfahrenen Züchter ist es weiterhin essenziell, sich mit anderen zu messen und zu sehen, wie „gut“ die Ergebnisse seiner Zucht sind – verglichen mit dem Standard als Richtlinie.

In erster Linie aber ist eine Ausstellung ein „Schönheitswettbewerb“, bei dem außer den standardgemäßen Rassemerkmalen auch Kondition, Gesundheit, Pflegezustand und gelungene Präsentation des Tieres bewertet werden. Und natürlich freut jeden Rassemeerschweinchen-Züchter eine gute Platzierung, vielleicht sogar ein Pokal, die höchste Anerkennung für die Zucht. Die Zucht von Rassemeerschweinchen steht also z. B. der von Rassekaninchen in nichts nach – nur dass die Tradition der Cavia-Zucht eben deutlich kürzer ist.

Aus welchen Gründen der Einzelne auch ausstellt, gemeinsam ist allen die Freude, Gleichgesinnte zu treffen, sich über das gemeinsame Hobby auf der Ausstellung austauschen zu können und die neuesten Entwicklungen zu diskutieren. Da wird stundenlang erzählt, Bilder werden gezeigt und Adressen ausgetauscht. Termine von Ausstellungen erfährt der Interessierte in der Fachzeitschrift RODENTIA oder als Mitglied eines Meerschweinchen-Vereins durch die Clubzeitschriften (siehe „Adressen“, S. 180). Wenn Sie also mit dem Gedanken spielen, Ihre Meerschweinchen einmal auf einer solchen „Show“ zu zeigen, empfehlen wir, zunächst eine oder mehrere Ausstellungen zu besuchen, um sich einen ersten Eindruck vom Ablauf zu verschaffen und vielleicht auch erste Kontakte zu anderen Züchtern zu bekommen, die Ihnen sicherlich weiterhelfen können, wenn es um die Vorbereitung geht.

Rassemeerschweinchen werden auf Ausstellungen nach dem Standard bewertet. Bei diesem Tier müssen noch die Haare gekürzt werden. Foto: C. Ehrlich

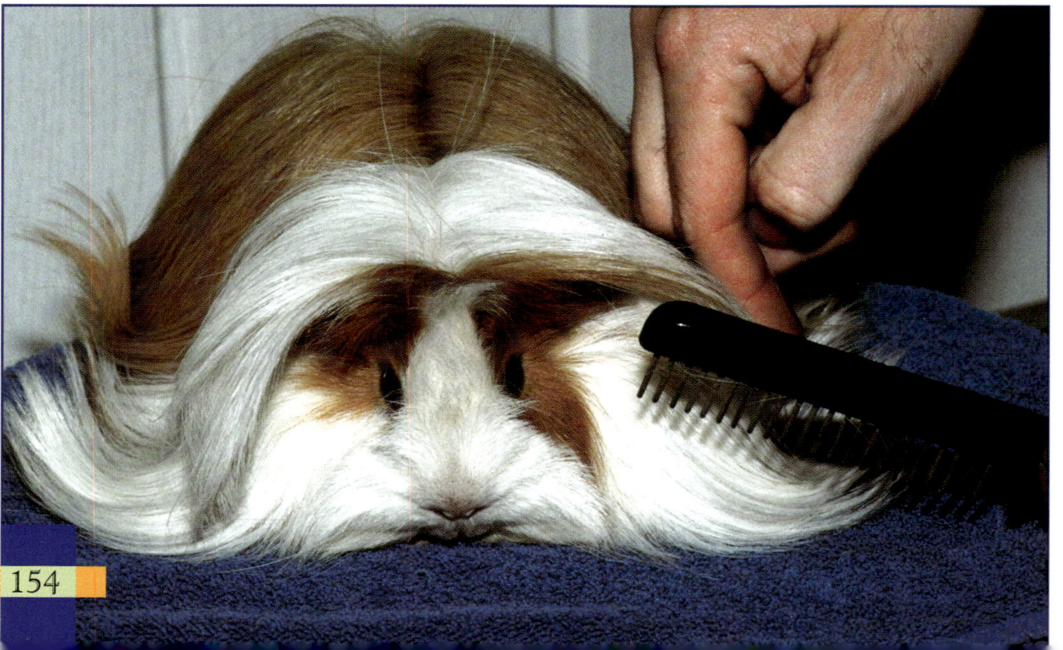

Voraussetzungen

Die Zucht nach Standard erfordert viel Planung und eine gewisse „Zuchtdisziplin". Foto: C. Ehrlich

Wichtigste Voraussetzung, um an einer Rassemeerschweinchen-Ausstellung teilzunehmen, ist bei vielen Vereinen die Mitgliedschaft in einem Verein oder Verband, der regelmäßige Ausstellungen veranstaltet. Einige Vereine bieten Interessierten die Möglichkeit, einmalig auch ohne Mitgliedschaft auszustellen. Die Landesverbände der Meerschweinchenfreunde Deutschland (MFD) halten beispielsweise gewöhnlich zwei Ausstellungen mit Richtung pro Jahr ab, und der Bundesverband veranstaltet die jährliche Bundesausstellung plus weitere kleinere Schauen in Gebieten, in denen noch keine eigenen Landesverbände gegründet wurden. Dazu beinhaltet der Standard das Ausstellungsreglement, das über die genauen Voraussetzungen, Regeln, Unterbringung der Tiere beim Transport und Ablauf einer Ausstellung informiert. Ein Teil des Standards befasst sich außerdem mit dem Ausstellen der so genannten Liebhabertiere (Meerschweinchen ohne Rasse), die nach speziellen Kriterien beurteilt werden, und zwar mit bestimmten Punkten u. a. für Pflegezustand, Verhalten und Kondition – natürlich nicht nach Rassemerkmalen.

Tipp: Aktueller Standard

Will man ausstellen, gehört der Standard als „Betriebsanleitung" einfach dazu, um sich das Grundwissen über im Voll- und Vorläufigen Standard anerkannte Rassen, Farben, Merkmale, Fehler und vieles mehr anzueignen. Achten Sie darauf, dass Sie die neueste Ausgabe des Standards besitzen, denn dieser ändert sich quasi jedes Jahr.

Wird nun eine Ausstellung angekündigt, fordert jeder interessierte Züchter von der angegebenen Kontaktperson die offiziellen Anmeldepapiere an. Wenn feststeht, welche Tiere man gerne zeigen und bewerten lassen möchte, werden sie auf dem Meldebogen mit Rasse, Farbe, Geschlecht, Name und Alter eingetragen. Voraussetzung für eine gültige Meldung sind das termingerechte Eintreffen der Papiere und die gleichzeitige Überweisung der Meldegebühren. Von den Veranstaltern bekommt der Aussteller eine Bestätigung seiner Meldung zugesandt, die er zur Ausstellung mitbringen muss. Letzter Meldetermin ist in der Regel einige Wochen vor der „Show".

Ausstellungsvorbereitung

Es sollte selbstverständlich sein, dass jeder Meerschweinchenzüchter seine Tiere immer gut versorgt und pflegt. Dies ist die Pflicht jedes Tierhalters, und natürlich ist es nicht möglich, dass Meerschweinchen ohne eine perfekte Versorgung in Ausstellungskondition und -pflegezustand sind. Viele Aussteller züchten aus diesem Grund auch nicht mit den Tieren, die für die Ausstellung gedacht sind, und nehmen sie entweder erst nach einer Schau in die Zucht oder stellen nur mit ihnen aus. Weibchen verlieren durch Trächtigkeit, Geburt und Aufzucht der Jungen an Gewicht, das Fell leidet, und es können hormonelle Probleme auftauchen; wie auch bei uns Menschen nimmt generell die Festigkeit des Gewebes ab, die Tiere werden bauchig – alles Kriterien, die eine Top-Bewertung verhindern. Aber auch ein Zuchtbock verliert bei jedem Deckakt an Gewicht und kann durch die hormonelle Belastung an Fellproblemen leiden.
Bei weiblichen Meerschweinchen muss man zusätzlich bedenken, dass man sie höchstens bis zu ca. acht Monaten ausstellen kann, da es sonst für den ersten Wurf durch die Beckenverknöcherung zu spät wird (siehe „Zuchtfähigkeit").

Langhaartiere dürfen in Deutschland nur mit „bodenlangen" Haaren gezeigt werden.
Foto: C. Ehrlich

Zur Ausstellungsvorbereitung gehört auch, dass ein Tier von klein auf handzahm gemacht und auf das Richten vorbereitet wird, denn je zahmer und ruhiger ein Tier beim Richten (der Beurteilung durch die Wertungsrichter) ist, umso weniger Stress hat es. Das Training hierfür fängt mit dem normalen Zähmen an (siehe „Zähmen und Spielen“, S. 92). Wenn das Meerschweinchen nach einer gewissen Zeit ruhiger geworden ist und nicht mehr versucht, dem Halter zu entwischen, beginnt man damit, es konsequent immer wieder mal auf eine Fläche zu setzen, die der Richtfläche nachempfunden ist, z. B. auf eine Teppichfliese auf einem Tisch oder ein rundes, mit Teppichboden beklebtes Stück Holz. Auf diese Weise sollen die Meerschweinchen lernen, dass es keinerlei Gefahr bedeutet, auf solch einer Fläche zu sitzen und betrachtet zu werden.

Vor Ausstellungen und bei Fell-Erkrankungen kann ein Baden nötig werden. Foto: C. Ehrlich

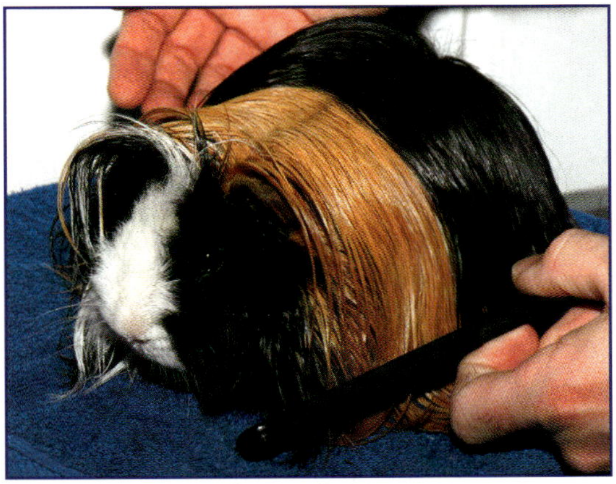

Ausstellungsvorbereitung mit Schere und Kamm Foto: C. Ehrlich

Zuerst legt man ein Leckerchen dazu und redet immer wieder beruhigend auf das Tier ein. Versucht es wegzulaufen, setzt man es immer wieder auf die Originalposition zurück. Nach gewisser Zeit bleibt es ohne Probleme alleine sitzen und läuft nicht mehr weg. Bei manchen Meerschweinchen könnte der Halter theoretisch kurz einkaufen gehen – sie würden bis zur Rückkehr immer noch auf dem Brett sitzen. Und da behaupte noch einer, Meerschweinchen würden nichts lernen! Durch diese Sicherheit und Ruhe wird das Meerschweinchen sich nun auch den Richtern gut präsentieren können. Um es noch einmal zu sagen: Tiere, die immer gut verpflegt werden und an den Umgang mit Menschen gewöhnt sind, bereiten im Vorfeld der Ausstellung kaum zusätzliche Arbeit oder Probleme.

Direkt vor der Schau gibt es nur einige wenige Pflegemaßnahmen. Wenn Sie zum ersten Mal ausstellen sollten Sie sich von einem erfahrenen Züchter helfen lassen. Zur Pflege der Tiere vor der Ausstellung gehört u. U. ein Bad mit einem milden Babyshampoo (bei Teddy- und Rex-Meerschweinchen muss man ein Shampoo ohne Pflegestoffe benutzen, sonst wird das Fell weich, und die Haarstruktur ist dahin). Das Säubern der Analdrüse gehört bei Böcken ebenfalls dazu, am besten macht man dies

mit einem Öl; es folgen die Säuberung der Füße und Ohren sowie das Schneiden der Krallen und vor allem das so genannte Konditionieren des Felles.
Auch beim Konditionieren gilt: Je mehr man routinemäßig tagtäglich mit seinen Tieren umgeht, umso weniger Arbeit gibt es vor der Ausstellung. Rexe und Teddys bürstet man beispielsweise immer wieder nach allen Richtungen mit einer kleinen, speziellen Metallbürste (erhältlich im Fachhandel) mit Gumminoppen durch. Glatthaartiere werden dagegen mit einem weichen Pferdestriegel oder Fellhandschuh gebürstet. Viele der groben, aus dem Fell herausstehenden und für die Bewertung unerwünschten Grannenhaare werden so schon entfernt. Für das weitere Konditionieren reibt man z. B. mit angefeuchtetem Daumen vom Haaransatz zur Haarspitze hin die Grannen heraus. Nicht übertreiben, sonst gibt es Löcher im Fell! Dieses Entfernen der Grannenhaare schadet den Rassemeerschweinchen nicht.
Ganz besonders bei Langhaartieren ist eine ständige Fellpflege unabdingbar, am besten werden Verknotungen täglich gelöst und die Tiere vorsichtig durchgekämmt. Generell aber darf der Züchter auch nicht zu viel kämmen und bürsten, da das Haar sonst sehr viel Dichte verliert. Mit der Zeit wird auch der Einsteiger in das Ausstellungswesen seinen ganz individuellen Weg finden, um seine Tiere schonend auf den „großen Auftritt“ vorzubereiten.
Übrigens nehmen Rosetten in dieser Hinsicht eine absolute Sonderstellung ein: Da hier durch das Entfernen der Grannenhaare erheblich die Bildung der so genannten Kämme (hochstehende Haarkränze) gestört würde, werden sie nicht konditioniert und auch gewöhnlich nicht gebadet, um die typische raue Haarstruktur zu erhalten. Entsprechend sauber gehalten, ist dies auch nicht nötig.
Zur Ausstellungsvorbereitung gehört auch das Vorbereiten der Transportbehälter. Im Ausstellungsreglement steht deren vorgeschriebene Größe. Nur bei extrem langen Fahrten sollte man auch Wasserflaschen an den Transportkisten befestigen, sonst kann man sich mit wasserhaltigem Grünfutter wie z. B. Gurken behelfen.

Auf der Ausstellung

Grundsätzlich sind die Ausstellungskäfige bereits eingestreut und mit Heu versehen, außerdem ist es bei den meisten Vereinen Pflicht, dass die Käfige einen Sichtschutz aufweisen. Dies ist aus Tierschutzgründen auch sehr wichtig, denn sonst würden sich z. B. zwei nebeneinander stehende Männchen ständig bedrohen, oder ein Weibchen würde von beiden Seiten dauernd angebalzt – absoluter Stress für die Tiere, der durch den Sichtschutz leicht verhindert werden kann.
Der Aussteller ist verpflichtet, den Käfig außerdem mit gefülltem Futternapf und Wasserflasche sowie ausreichendem Grünfutter auszustatten. Dies gilt für die gesamte Dauer der Ausstellung. Hier ist es am besten, den Tieren genau das gleiche Futter wie

Beim so genannten Richten werden die ausgestellten Meerschweinchen beurteilt. Foto: C. Ehrlich

zu Hause zu geben; besondere Leckerchen können unter den Bedingungen der Schau schnell zu Durchfall führen.

Mit der Anmeldebestätigung erhält der Aussteller einen mitzuführenden Ausstellerausweis, eine Liste der gemeldeten Tiere mit Käfignummer und die Ohrmarken mit den Käfignummern. Diese Ohrmarken sind meistens einfache Aufkleber und vor dem Einsetzen auf dem linken Ohr des Tieres anzubringen. Jeder Aussteller sollte immer eine Notfallapotheke bei sich haben, die mindestens Folgendes beinhaltet: ein Durchfallmittel, Tropfen gegen leichte Erkältungserscheinungen (homöopathische Tropfen sind in jeder guten Tierhandlung zu bekommen), Wundsalbe und Augensalbe (falls beim Transport Streu oder Heu ins Auge gerät). Außerdem schwören viele Aussteller auf die „Bachblüten-Rescuetropfen", um die Aufregung und den Stress der Tiere zu lindern. Diese Tropfen werden gerne vor dem Einsetzen in die Käfige gegeben.

Am Tag des Einsetzens oder am Tag danach beginnt dann das Richten. Die Tiere werden in kleinen Kästen einzeln dem Richter zugetragen und auf einer so genannten Vorlage (normalerweise eine Teppichfliese) gerichtet. Die Tiere sitzen dazu auf der Vorlage und werden gedreht, um sie auch rundherum betrachten zu können. Nach dem Richten werden sie wieder in ihren Käfig gebracht. Die Ohrmarken dienen dazu, Verwechslungen vorzubeugen.

Vorgeschrieben sind übrigens auch Quarantänekäfige in einem eigenen Raum, in den Tiere verbracht werden, bei denen während des Richtens oder der Ausstellung Krankheitssymptome auftreten, auch hier muss der Aussteller im Falle des Falles dafür sorgen, dass die Tiere während der Ausstellung gut versorgt sind. Grundsätzlich gilt aber: Nehmen Sie beim kleinsten Verdacht einer Erkrankung oder eines Parasitenbefalls die Tiere nicht mit zur Ausstellung – zum Schutz der anderen Tiere, die sich schnell anstecken könnten!

Bewertungskriterien

Eine Ausstellung ist – wie gesagt – in erster Linie ein Schönheitswettbewerb. Alle Ausstellungstiere werden wie bei allen Zuchtschauen anhand der im Standard festgelegten Kriterien beurteilt. Das sind Typ des Tieres (typischer Körperbau), Kopf, Augen und Ohren, spezifische Rassemerkmale und Kondition. Das Tier, das dem im Standard festgelegten Idealbild am meisten entspricht, gewinnt in seiner Klasse. Zeigt es insgesamt auch über seine Rasse hinaus ganz hervorragende Qualitäten (z. B. Farbintensität oder Kondition), wird es für den Titel „Best in Show" konkurrieren und vielleicht sogar als bestes Tier der ganzen Schau abschließen – das Ziel vieler Züchter. Es gibt vier verschiedene Möglichkeiten des Ausstellens. Handelt es sich um ein Rassetier, das in seinen Merkmalen dem Standard entspricht, wird man es normalerweise im Rassestandard ausstellen und bewerten lassen. Darüber kann man ein Tier, das diese Kriterien nicht erfüllt, nach dem Liebhaberstandard beurteilen lassen. Hierbei handelt sich dann um Rassemischlinge, die keiner bestimmten Rasse oder keinem bestimmten Farbschlag zuzuordnenden sind sowie z. B. um Kastraten, die im Rassestandard nicht zugelassen sind. Der Liebhaberstandard hat andere Kriterien als der Rassestandard, hier werden das Gesamterscheinungsbild des Tieres, der Zustand von Behaarung, Zähnen, Augen, Ohren usw. bewertet und vor allem auch das Wesen und der Pflegezustand begutachtet. Man unterscheidet verschiedene Klassen für junge

Bei der Bewertung von Rassetieren kommt es auf dutzende Kriterien an. Dem schönsten Tier winkt der Titel „Best in Show". Foto: C. Ehrlich

Die Rassetiere werden auf der so genannten Vorlage bewertet.
Foto: C. Ehrlich

und erwachsene Tiere, die wiederum in einfarbig/mehrfarbig und überwiegend kurz- oder langhaarig unterteilt sind. Für die Gewinner dieser einzelnen Klassen gibt es Preise, und es wird auch hier ein „Best in Show“ gewählt.
Die dritte Form ist das Zurschaustellen von im Standard nicht anerkannten Rassen oder Farben/Zeichnungen, um diese anerkennen zu lassen. Die Voraussetzungen hierfür sind im Ausstellungsreglement beschrieben. Zur Anerkennung im vorläufigen Standard müssen hierfür z. B. beim MFD vier Tiere von guter Qualität vorgestellt werden, zur Aufwertung vom vorläufigen in den endgültigen Standard müssen acht Tiere gezeigt werden. Diese Exemplare werden von Richtern der Standardkommission beurteilt, die auch über die Zulassung oder Ablehnung des Ersuchens entscheiden.
Schließlich gibt es noch die Möglichkeit, eine Rasse oder Farbe/Farbschlag richten zu lassen, die noch nicht voll oder vorläufig anerkannt sind. Hier geht es vor allem darum, diese Tiere im Vorfeld schon einmal dem Publikum zu präsentieren. Diese Meerschweinchen erhalten allerdings kein Prädikat, sondern die Bemerkung „N/A“ für „nicht anerkannt“ und werden auch bei der Preisverteilung nicht berücksichtigt. Sie werden dennoch häufig gerne ausgestellt, um neue Varianten der Öffentlichkeit zu präsentieren und ihre „Wirkung“ auf das Publikum und die Wertungsrichter zu testen.
Ob auch Sie ausstellen möchten, müssen Sie ganz alleine entscheiden. Für viele Züchter sind die großen Schauen des Jahres die wichtigsten Termine im Kalender, andere halten wenig vom Zurschaustellen von Tieren zu Bewertungszwecken. Daher sollte sich jeder Meerschweinchenfreund, der über die Nachzucht seiner Tiere nachdenkt, ein eigenes Bild machen und überlegen, ob er den Weg zum Ausstellungszüchter einschlagen möchte. Es ist ein sicherlich spannendes Element des Hobbys. Weitere Informationen zum Thema Rassemeerschweinchenzucht sowie Ausstellungswesen erhalten Sie bei den verschiedenen Vereinen (siehe „Adressen“, S. 180).

Gesunderhaltung und Krankheiten

von Prof. Dr. Michael Fehr

Durch das Beachten verschiedener Gesichtspunkte kann der Tierbesitzer einen wesentlichen Beitrag zur Gesundheit seiner Meerschweinchen leisten. Neben der Paar- oder Kleingruppenhaltung, der regelmäßigen – also täglichen – Pflege und Kontrolle der Tiere und der Käfigeinrichtung (trockene Einstreu, Verfüttern guten Heus, regelmäßige Grünfutter-/Vitamin-C-Gabe, kein abrupter Futterwechsel) sollten die Tiere im halbjährigen Abstand bei einem mit Kleinsäugern und deren Erkrankungen vertrauten Tierarzt zum allgemeinen Gesundheits-Check vorgestellt werden. Vorsorge ist eben das Wichtigste!

Zur Einschätzung, ob eine Erkrankung vorliegt, sollten Haut und Haare, Krallen und Fußballen, alle natürlichen Körperöffnungen (Augen, Ohren, Nase, Mundhöhle, Anus, Geschlechtsorgane) hinsichtlich Auffälligkeiten untersucht werden. Selbstverständlich sollte das Meerschweinchen im akuten Krankheitsverdachtsfall unverzüglich dem Haustierarzt vorgestellt werden. Insbesondere durch Zukauf und Kontakt mit Tieren aus anderen Gruppen (z. B. wenn verschiedene Halter oder deren Kinder ihre Meerschweinchen zum Spielen zusammensetzen) oder auch nach Futterwechsel können plötzlich Krankheiten in einem vorher gesunden Meerschweinchenbestand auftreten.

Jede Stressbelastung (Futterwechsel, Pflegerwechsel während des Urlaubs, Transport, Kontakt mit anderen Heimtieren wie z. B. Kaninchen, Hunden etc.) führt bei Meerschweinchen leicht zu Störungen der Verdauungsorgane, Futterverweigerung und Entgleisung des Stoffwechsels bis hin zum Leberversagen. Insbesondere eine notwendige Narkose bzw. ein operativer Eingriff bedeuten – bedingt durch Transport und Verbringen in die „fremde" tierärztliche Umgebung mit unbekannten Gerüchen – eine erhebliche Stressbelastung. Erleichtert wird diese Situation, wenn die Tiere in ihrer gewohnten, für sie angenehmen, mit ihrem Körpergeruch „markierten" Umgebung ihres Käfigs transportiert werden. Ist dies nicht möglich, sollten zumindest „benutzte" Einstreu und das Schlafhäuschen im Transportkäfig deponiert werden. Einige Tierärzte bieten für allgemeine Gesundheitskontrollen sowie kleinere Behandlungen auch Hausbesuche an, was den Stress für die Tiere natürlich deutlich reduziert.

In der folgenden Tabelle werden exemplarisch verschiedene häufiger auftretende Krankheitssymptome möglichen Ursachen zugeordnet, und es wird erläutert, was der

Symptome	Mögliche Ursachen	Was ist zu tun?
Abmagerung	Erkrankung der Zähne, Nieren, Lunge; unzureichende Futtermenge oder -qualität, bakterielle Infektion, Haut- oder Darmparasiten	adäquate Fütterung; ggf. Zwangsernährung (z. B. mit „Critical care"), Vorstellung beim Tierarzt (v. a. Zahn-, Kot-, Hautuntersuchung), um schwerwiegende (ggf. tödlich verlaufende) Erkrankungen auszuschließen
Abszess	bakterielle Infektion, Fremdkörper, Nagerpest (Rodentiose)	Vorstellung beim Tierarzt; Abszess zur Reifung bringen („Zug-Salbe"), ggf. Spalten des Abszesses
Anfälle (Krämpfe)	Hauträude (Haarlinge, Milben), Epilepsie, Unterzuckerung	Gabe von Traubenzucker, Haustierarzt aufsuchen!
Atemnot	Lungenentzündung, Herzerkrankung, Hitzschlag	Temperatur messen; bei Hitzschlag Tier in Schatten verbringen, Vorstellung beim Tierarzt
Ballenentzündung	Bewegungsmangel, Verfettung, feuchte Einstreu, Trauma	Körpergewicht ermitteln (ggf. „Diät"), mindestens zweimal täglich Freilauf gewähren, Einstreukontrolle, ggf. Vorstellen beim Haustierarzt
Blutharnen	Blasenentzündung, Harngries oder -steine	Tierarztbesuch
Durchfall	fütterungs- (Futterumstellung?) oder infektionsbedingt (bakteriell, viral, parasitär)	Ausgleich des Flüssigkeits- und Mineralstoffverlusts, gutes Heu, kein Grünfutter; ggf. Vorstellung beim Tierarzt
Futterverweigerung	s. Abmagerung	s. Abmagerung
Haarausfall, struppiges Haarkleid	Hautparasiten, Hautpilz, Vitamin-, Rohfasermangel, hormonell nach Geburt, Eierstockzysten	Vitamingabe, gutes Heu, Einstreuwechsel; ggf. Haustierarzt aufsuchen
Hornhaut-, Lidbindehaut-Entzündung	bakterielle, virale Infektion, Fremdkörper	Vorstellung beim Tierarzt
Kopfschiefhaltung	Fremdkörper (z. B. Einstreu), Tumor im Gehörgang, bakterielle Mittel- oder Innenohrentzündung bzw. -blutung	Vorstellung beim Tierarzt
Nasenausfluss	alle Tiere überprüfen, da häufig bakterielle, virale Infektion (Ansteckung); Vitamin-Mangel	z. B. Vitamin C tgl. 100 mg; Tierarztbesuch
vermehrtes Trinken	Nierenversagen, Durchfall, Diabetes	ausreichend Wasser zur Verfügung stellen (nicht reduzieren!), Funktion der Tränken überprüfen; Vorstellung beim Tierarzt
Verstopfung	Kotansammlung in der Perinealtasche, Darmverschluss, Tumor, Verwachsung	Kot aus Perinealtasche ausmassieren; Haustierarzt aufsuchen
Wunden	Bisse, scharfe Gegenstände, Selbstverstümmlung	Sozialstruktur überprüfen, wenn mehr als ein Männchen vorhanden ist ggf. Kastration; bei schweren Verletzungen sofort Vorstellung beim Tierarzt

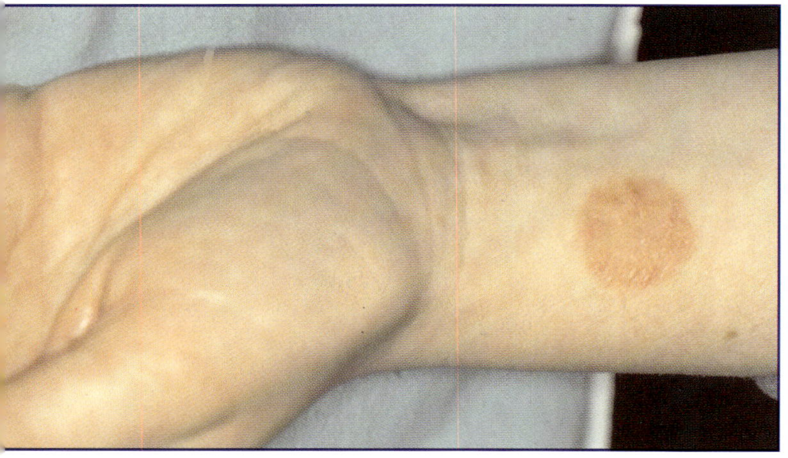

Diese kreisrunde Entzündung auf einem Unterarm ist eine auf den Menschen übertragene Hautpilzerkrankung (Trichophytie). Foto: M. Fehr

Halter in solchen Fällen tun kann. Genauere Angaben zu verschiedenen Krankheitsbildern finden Sie in den folgenden Kapiteln. Es sollen hier allerdings nur die Grundsätzlichkeiten vorgestellt werden, da in aller Regel ein Tierarzt die Behandlung vornehmen muss. Genauere Informationen zu den aufgeführten Krankheiten bietet die Spezialliteratur (s. Literatur, S. 182).

Parasiten und Pilze

Ein örtlicher oder diffuser, den ganzen Körper betreffender Haarverlust in Verbindung mit Krustenbildung und Hautrötungen bzw. -entzündungen spricht für einen Parasitenbefall (Haarlinge, Milben) bzw. eine Hautpilzinfektion (Ringflechte). Dabei kommen Pilzinfektionen häufiger bei Jungtieren vor, Parasiten eher bei erwachsenen Meerschweinchen. Ein gleichzeitig vorhandener heftiger Juckreiz – oft entstehen dann Kratzdefekte (Wunden) im Halsbereich durch die scharfen Krallen der Hintergliedmaßen – spricht für das Vorliegen eines Befalls mit Hautparasiten. Bei

Milbenbefall bei einem weiblichen Meerschweinchen mit juckreizbedingten Kratzwunden

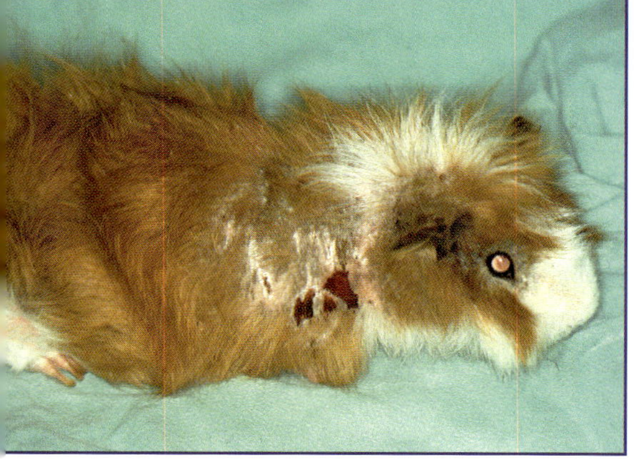

Hautpilzerkrankung (*Trichophyton mentagrophytes*) bei einem drei Monate alten Weibchen Fotos: M. Fehr

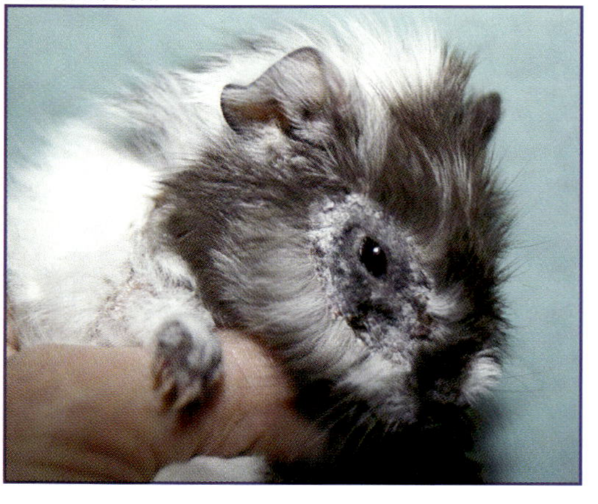

Ansatzröhrchen für Pilzkulturen – so können Proben auf Hautpilze untersucht werden. Foto: M.Fehr

einem starken Milbenbefall fallen Meerschweinchen gelegentlich auch um und zeigen ein Anfallsgeschehen wie bei einer Epilepsie. Der Tierarzt kann den Auslöser des Haarausfalls bei einer Untersuchung feststellen (ggf. Kultur anlegen) und eine Behandlung beginnen.
Erkrankte Tiere sollten unbedingt einem Tierarzt vorgestellt werden, da bei einer chronischen Infektion auch Todesfälle vorkommen. Milben und Haarlinge können auf den Tierhalter vorübergehend überwechseln und dort eine Scheinräude verursachen (Juckreiz für einige Tage), umgekehrt können übrigens auch Menschenläuse auf Meerschweinchen übertragen werden und dort juckende Hautentzündungen verursachen. Ein an Hautpilzen erkranktes Meerschweinchen kann die Kontaktpersonen (v. a. Kinder) infizieren, beim Menschen entstehen heftige, häufig kreisrunde Hautentzündungen; wenn der Kopf betroffen ist, auch Haarausfall.

Verletzungen und Brüche

Verletzungen und Knochenbrüche entstehen meist durch unsachgemäßen Umgang (Fallenlassen, Trittverletzungen) mit den Tieren bzw. bei Stürzen (z. B. vom Sofa), seltener durch andere Haustiere. Offene Verletzungen sollten unverzüglich mit einem Pflasterverband geschützt und dann vom Haustierarzt untersucht werden, viele Brüche heilen durch etwa vierwöchige Bewegungseinschränkung (Käfigruhe) aus, einige – insbesondere offene Brüche des Unterschenkels – erfordern jedoch ein operatives Vorgehen. Die Entscheidung, welche Therapie anzuraten ist, sollte dem Tierarzt überlassen werden.

Unterschenkelfraktur Foto: M. Fehr

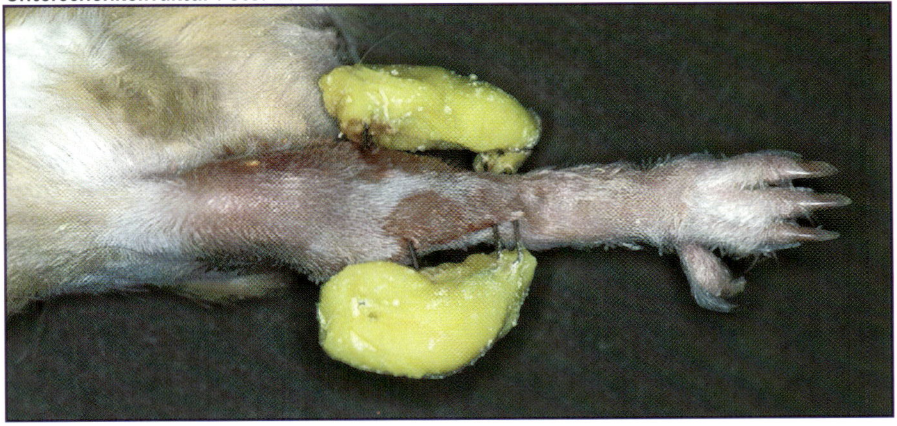

Atavismus/„Polydactylie“

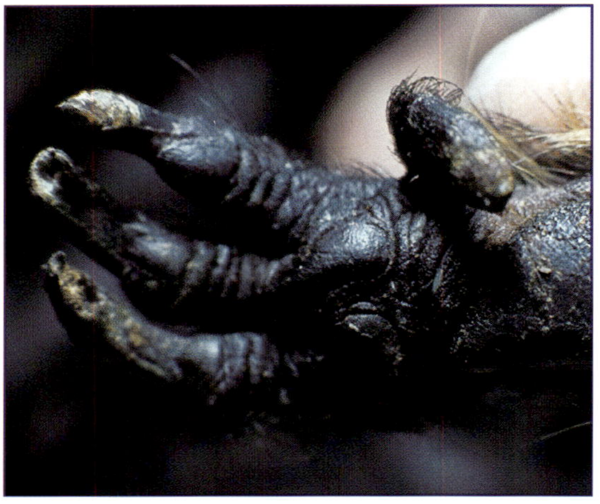

Atavistische 4. Zehe Foto: M. Fehr

Im Laufe der Evolution hat sich die Anzahl der Zehen beim Meerschweinchen an den Vorderfüßen auf vier, an den Hinterfüssen auf drei reduziert. Seltener weisen Meerschweinchen vorn fünf bzw. hinten vier Zehen auf, was dann fälschlicherweise als Polydactylie (vermehrte Fingerstrahlen) bezeichnet wird; eigentlich handelt es sich jedoch um Atavismus (Auftreten von Ahnenmerkmalen). Atavismus kann durch Inzucht gefördert werden. Ob eine Behandlung (z. B. Amputation) notwendig ist, sollte ein mit Meerschweinchen erfahrener Tierarzt entscheiden.

Augenverletzungen und -entzündungen

Augenverletzungen entstehen meist durch Partnertiere, beim Freilauf oder durch ungeeignete Käfiggegenstände. Entzündungen äußern sich durch Rötungen und Schwellungen der Lider bzw. Bindehäute sowie durch ein „feuchtes“ Auge als Hinweis für einen vermehrten Tränenfluss bzw. für Entzündungssekrete. Schwerwiegende Infektionen können auch Trübungen der Hornhaut oder eitrige Entzündungen des gesamten Augapfels zur Folge haben, was ein Entfernen des Bulbus erfordern kann. Neben Infektionserregern (Viren, Mykoplasmen, Bakterien) können sich auch Fremdkörper unter den Lidern verklemmen und Ursache solcher Entzündungen sein. Eine tierärztliche Untersuchung sollte bei Augenerkrankungen stets erfolgen, viele Verletzungen können im frühen Stadium gut behandelt werden. Die Regenerationsfähigkeit verletzter Meerschweinchenaugen verblüfft viele Halter immer wieder.

Durch einen Abszess hinter dem Auge steht bei diesem Männchen der Augapfel hervor. Foto: M. Fehr

Erkrankungen der Ohren

Erkrankungen der Ohren kommen seltener vor, gelegentlich treten Neoplasien (Geschwulstbildungen) oder bakteriell bedingte Mittel- bzw. Innenohrentzündungen auf. Die betroffenen Tiere zeigen dann je nach Schweregrad eine Kopfschiefhaltung zur betroffenen Seite, selten auch unsicheren Gang, bei heftigen Entzündungen auch eine unphysiologische Körperhaltung und Drehbewegungen um die Körperlängsachse. Bei Milbenbefall kann es ebenfalls durch Kratzen oder Milbenkot zu verstopften oder wunden Ohren kommen.

Erkältung, Lungenentzündung, Choriomeningitis

Erkältungen, die sich zu schweren Lungenentzündungen entwickeln, kommen bei Meerschweinchen häufig vor und basieren auf Fehlern in Haltung (Zugluft, Rauch, zu trockene Heizungsluft, feuchte Einstreu etc.) und Fütterung (v. a. Vitaminmangel im Winter). Sekundär sind dann bakterielle- bzw. Virusinfektionen verantwortlich für die Krankheitssymptome. Neben verkrusteten Nasenlöchern und sekretverklebten Vorderpfoten fällt die Atemnot auf, später zeigen die Tiere struppiges Fell, Abmagerung und können sterben. Eine temporäre Haltung unter einer Wärmelampe (mit Ausweichmöglichkeiten), verstärkte Vitamin-C-Gaben sowie ein Tierarztbesuch sind erste Schritte zur Behandlung.

Die von Hamstern und Mäusen übertragene lymphozytäre Choriomeningitis kann ebenfalls für eine Lungenentzündung verantwortlich sein, obwohl Virusträger ohne Krankheitssymptome bei diesen Tierarten häufiger vorkommen. Dieser Erreger kann auch beim Menschen grippeähnliche Symptome bis hin zu Hirnhautentzündungen verursachen.

Zahnanomalien

„Brückenbildung" der Unterkieferbackenzähne aufgrund von ausgebliebenem Zahnabrieb Foto: M. Fehr

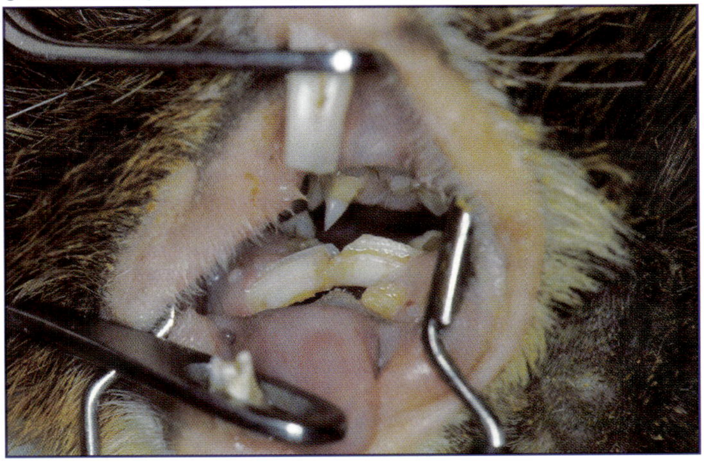

Zahnfehlstellungen, zu lange Schneide- bzw. Backenzähne, Riesenzähne, Knochenerweichungen, Abszesse etc. gelten als häufigster Grund für eine Futterverweigerung bei Meerschweinchen. Sie führen zu einem fehlerhaften Zahnabrieb mit der Folge, dass die so entstehenden Zahnspitzen Verletzungen in der Zungen- oder Mundschleimhaut verursachen oder durch Entstehung so genannter Zahnbrücken

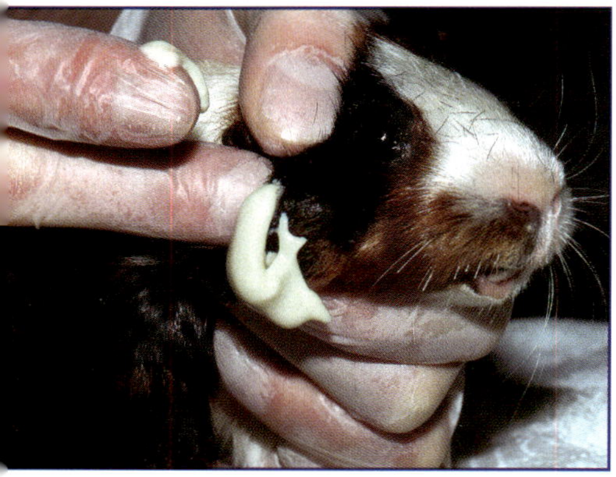

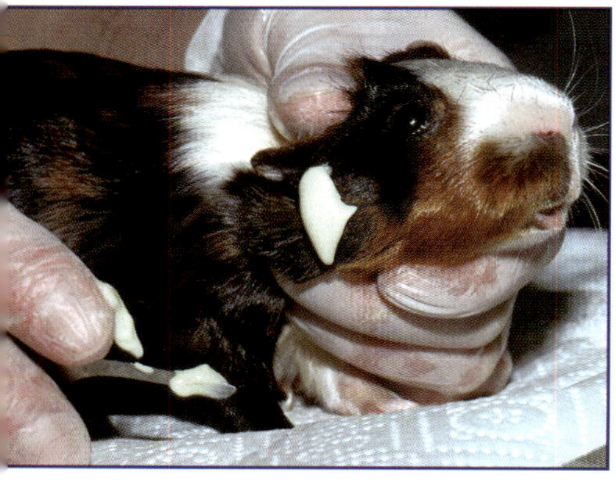

den Abschluckvorgang behindern. Der Tierarzt muss mit geeigneten Zahninstrumenten eine Zahnkorrektur vornehmen, Abszesse sind zu spalten oder falls möglich vollständig operativ zu entfernen. Zu wenig Heu als Grundnahrung (Zahnabnutzung) sowie (inzuchtbedingte) Gendeffekte sind häufig die Gründe für übermäßig wachsende Zähne.

Tumoren und Abszesse

Äußerlich erkennbare Tumoren betreffen gutartige Adenome der Talgdrüsen, warzenartige Papillome unter der Haut sowie z. B. Fett-, Milchdrüsen-, Schilddrüsen-, Knochen- und Muskelgeschwulste, die allerdings auch bösartigen Charakter haben können. Daher ist ein Besuch beim Tierarzt in jedem Fall notwendig. Ähnlich wie Abszesse, die häufiger im Unterkiefer- bzw. Halsbereich auftreten können, sollten solche Neubildungen möglichst im Gesunden abgesetzt werden, wenn – bei Tumoren – zuvor durch Röntgen- und Ultraschalluntersuchungen Metastasierungen weitgehend ausgeschlossen wurden. Je nach Dignität (gut-, bösartig) kann auch eine nachfolgende Tumorbehandlung angezeigt sein. Sind sehr viele Metastasen vorhanden, kann eine Euthanasie u. U. unumgänglich werden. Abszesse können i. d. R. vom Tierarzt gespalten werden und verheilen nach entsprechender Behandlung meist sehr gut.

Ein Abszess wird gespalten, ausgeräumt, gespült und anschließend mit einem Antibiotikum versorgt. Fotos: C. Ehrlich

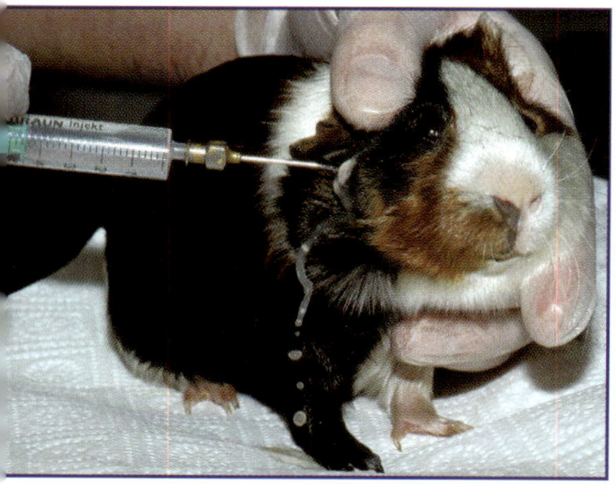

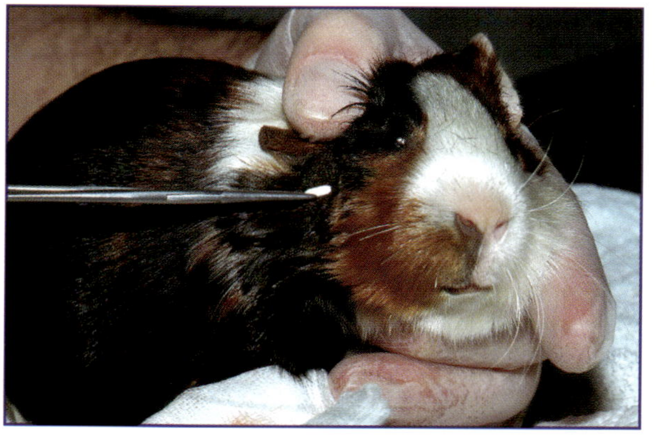

Magen-Darm-Krankheiten

Falsches Futter (gefroren, verschimmelt, gärfähig) und/oder Infektionen können eine Magen- oder Darmaufgasung, selten später auch eine Drehung verursachen, die mit heftigen Schmerzen einhergeht und manchmal auch mit dem Tod des Tieres endet. Betroffene Meerschweinchen zeigen einen trommelartig aufgetriebenen Bauch, Kauern in der Käfigecke, später Kreislaufversagen. Andererseits können auch eine Verstopfung oder eine Durchfallsymptomatik aus denselben Ursachen entstehen. Für den Tierbesitzer ist das Erkennen der Gründe solcher Prozesse meist schwierig, deshalb sollte das Meerschweinchen bei vorliegender Symptomatik stets dem Tierarzt vorgestellt werden.

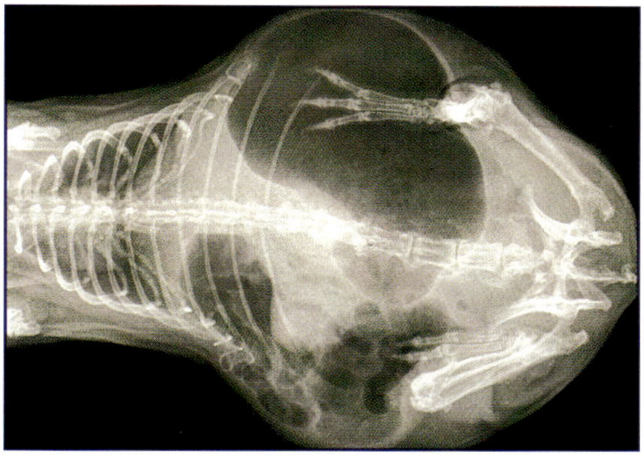

Magen- und Blinddarmaufgasung
Foto: M. Fehr

Kreislaufversagen

Ein Kreislaufversagen kündigt sich durch Unruhe, später Schwäche, Herzrasen, blasse Schleimhäute und Atemnot an (Schockgeschehen). Im Sommer kann ein solches Kreislaufversagen durch zu lange, direkte Sonneneinwirkung entstehen. Dies kann vorkommen, wenn ein Meerschweinchen unbeaufsichtigt ohne ein Schatten spendendes Häuschen etc. in einem Käfig im Garten oder auch vorübergehend im Auto belassen wird. Natürlich kann auch eine bisher unerkannte Herzerkrankung Ursache des Kreislaufversagens sein. Im Fall eines Hitzschlags sollte das Tier unverzüglich in den Schatten verbracht und die erhöhte Körpertemperatur sanft durch anfangs mäßig, später stärker kühlende Umschläge herabgesenkt werden. Auf jeden Fall ist unverzüglich ein Tierarzt aufzusuchen, der geeignete medikamentöse Maßnahmen – gegebenenfalls auch Sauerstoff – verabreichen wird.

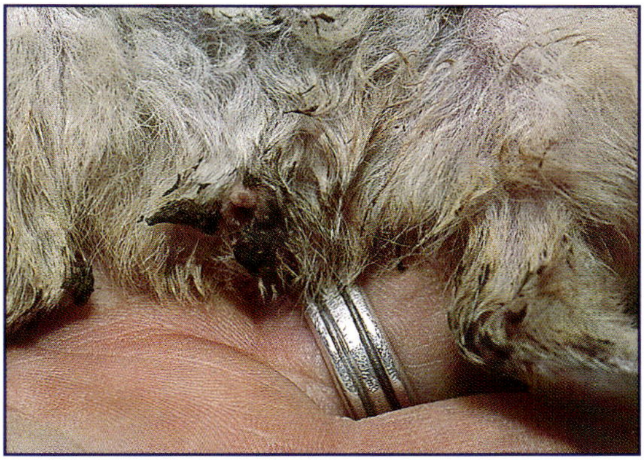

Oben: An starkem Durchfall erkranktes Meerschweinchen-Baby. Zum Vergleich (unten): sauberer Analbereich eines jungen Meerschweinchens. Fotos: C. Ehrlich

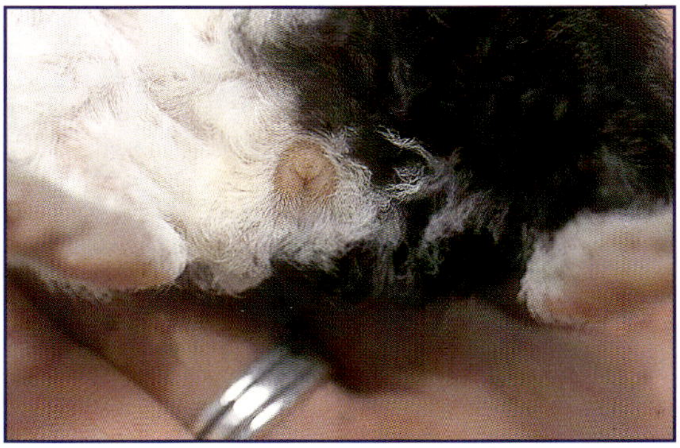

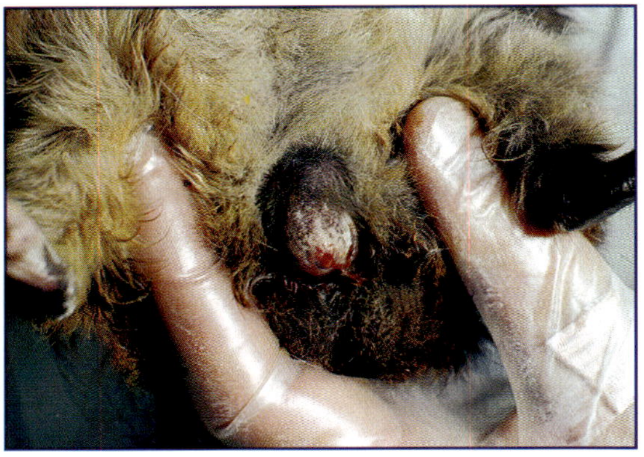

Blutiger Ausfluss aufgrund eines Harnröhrensteins Foto: M. Fehr

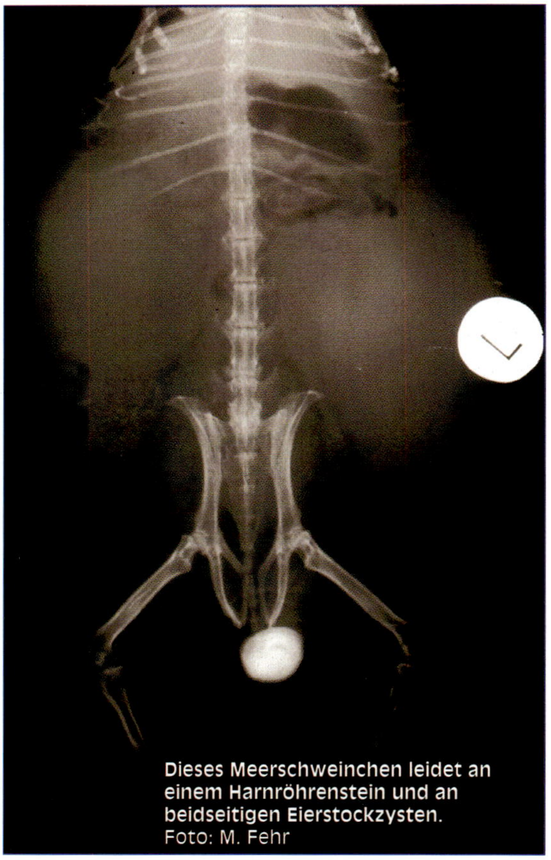

Dieses Meerschweinchen leidet an einem Harnröhrenstein und an beidseitigen Eierstockzysten. Foto: M. Fehr

Blasenentzündung

Eine Entzündung der Harnblase wird bei Meerschweinchen häufig durch Bakterien oder auch (eventuell zusätzlich) durch eine Harnstein- oder Harngries-Bildung verursacht. Die Tiere zeigen Lautäußerungen beim Harnabsatz, der Harn kann trüb bis rötlich sein, was dann auch zu entsprechenden Verschmutzungen im Anogenitalbereich führen kann. Der Haustierarzt kann durch Untersuchung des Harns, Ultraschall bzw. Röntgen die verschiedenen Ursachen für die Blasenentzündung abklären.

„Meerschweinchenpest" und Meerschweinchenlähme

Regelmäßig wird über eine seuchenhaft auftretende, ansteckende Meerschweinchenlähme (-pest, -seuche) berichtet, obwohl bis heute kein Erreger nachgewiesen werden konnte. Dabei zeigen erkrankte Meerschweinchen ein struppiges Haarkleid, Kauern, Zuckungen, später Lähmungen vor allem der Hintergliedmaßen, schließlich versterben die Tiere nach Tagen bis Wochen. Inwieweit hierbei eher eine chronische Vitaminmangelsituation oder Infektionen mit bekannten Erregern vorliegen, ist bis heute Gegenstand von Diskussionen.

Pseudotuberkolose

Die Pseudo- oder Nagertuberkulose (Rodentiose) kann eher bei Meerschweinchen vorkommen, die im Garten Freilauf haben, da diese Krankheit vorwiegend von Futter oder Wasser übertragen wird , die durch infizierte Wildnager oder Wildvögel kontaminiert wurden. Selten kommt die akute Sepsis vor, die innerhalb von 24 Stunden zum Tod führt, häufiger ist die chronische

Variante, bei der die Tiere abmagern, Durchfall, Lungenentzündungen, häufiger auch Abszesse im Halsbereich entwickeln. Es besteht eine Infektionsgefahr für den Tierhalter.

Mangelerscheinungen

Vitaminmangelerscheinungen äußern sich durch Schleimhautentzündungen („Lippengrind"), diffusen Haarverlust und schuppige Haut. Bei schweren Fällen wurde auch eine vermehrte Blutungsbereitschaft nachgewiesen, die an Bewegungsunlust oder Lähmungen der Hintergliedmaßen zu erkennen ist. Andere Mangelerscheinungen sind bei Meerschweinchen eher selten. Durch eine ausgewogene Ernährung (s. entsprechendes Kapitel, S. 74) können Vitamin- und Mineralstoffmängel verhindert werden.

Geburtsprobleme

Meerschweinchen werfen üblicherweise 2–3 (maximal 7) Junge, die in 3–7minütigem Abstand geboren werden. Störungen im natürlichen Geburtsablauf kommen – selten – auch bei Meerschweinchen vor, erkannt werden kann eine solche Störung anhand nachlassender Wehentätigkeit und eines bräunlichen bis grünen Scheidenausflusses. Der Tierarzt kann durch Ultraschall oder Röntgen nachweisen, ob noch Jungtiere im Muttertier vorhanden sind. Bei festgestellten Geburtsproblemen ist ein schnelles Eingreifen nötig, um nicht das Leben von Mutter und Jungtieren zu gefährden. Manchmal reicht schon die Mithilfe des Halters durch vorsichtiges Herausziehen der Jungen. Bei unerfahrenen Müttern kommt es gelegentlich vor, dass Junge nicht oder nicht schnell genug von Fruchthülle und Schleim befreit werden und daher nicht zu atmen beginnen können. Auch hier retten oft ein schnelles Eingreifen und vorsichtiges Säubern der Nasenregion das Leben des Jungtiers. Informieren Sie sich vor einer anstehenden Geburt am besten bei Ihrem Tierarzt oder erfahrenen Züchtern über Notfallmaßnahmen.

Vor allem sehr große oder extrem unterentwickelte Babys sterben bei der Geburt. Foto: C. Ehrlich

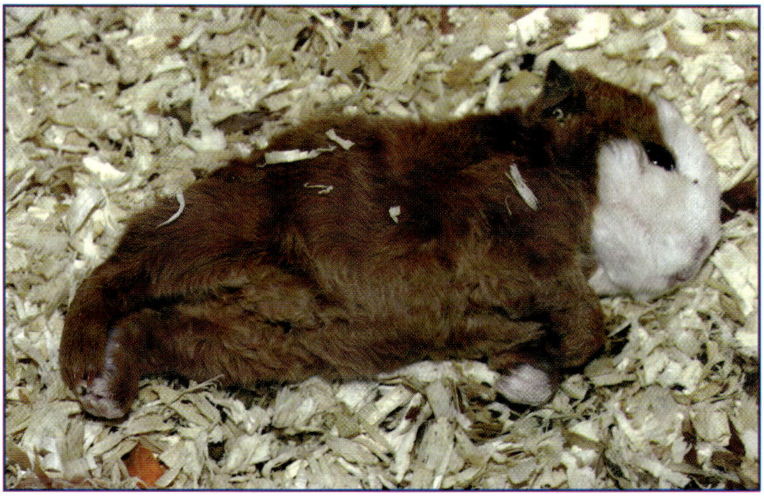

Kastration

Meerschweinchen leben in freier Wildbahn im gemischtgeschlechtlichen Gruppenverband, eine Paarhaltung ist unproblematisch. Werden zwei oder mehr Böcke zusammen gehalten, entwickeln sich unter den räumlichen Bedingungen in Menschenhand mit der Geschlechtsreife aber häufig Beißereien. Diese Rangkämpfe – sowie natürlich ungewollter Nachwuchs bei Paar- oder gemischter Gruppenhaltung – können durch Kastration der männlichen Tiere vermieden werden. Eine Kastration ist ab einem Körpergewicht von etwa 500 g gut durchzuführen. Sie sollte von einem möglichst erfahrenen Tierarzt vorgenommen werden, da aufgrund des anatomisch bedingt weiten Leistenkanals bei unsachgemäßem Verschluss dieses Kanals im Anschluss an die Operation leicht Bauchhöhlenorgane (z. B. Dünndarmschlingen) aus der Wunde vorfallen können, was erfahrungsgemäß den Tod des betroffenen Tieres bedeutet. Kastrierte Männchen sind noch etwa 4–6 Wochen zeugungsfähig!

Operationen

Selten müssen auch Meerschweinchen operiert werden, um ihr Leben zu retten. Folgende Hinweise zur Operationsvor- und -nachsorge durch den Halter sollten dabei beachtet werden:

Beim Meerschweinchen ist ein bei vielen anderen Säugetieren üblicher Futterentzug

Erst Tage nach der Operation dürfen Meerschweinchen wieder in ihre Gruppe gesetzt werden. Foto: C. Ehrlich

vor einer Narkose („nüchtern“) nicht erforderlich, da ein starker Mageneingangsmuskel (Kardia) ein Erbrechen verhindert. Außerdem benötigen die kleinen, stoffwechselaktiven Tiere dringend in der mit der Narkose verbundenen Belastungssituation ausreichend Kohlenhydrate zur Aufrechterhaltung ihrer Stoffwechselfunktionen. Die Gabe leicht verdaulicher Futtermittel bis kurz vor der Operation ist deshalb anzuraten.

In der postoperativen Phase bzw. schon während der Narkose kommt es durch Rasur, Desinfektion, Erschlaffen der Muskulatur und Blutgefäße etc. zu einem Absinken der Körpertemperatur. Vom Tierarzt wird dieser bekannten Tatsache durch geeignete Maßnahmen (z. B. Wärmeplatte) üblicherweise gegengesteuert. Ein solcher Abfall der Körpertemperatur kann aber auch später beim Tierbesitzer auftreten, insbesondere wenn das narkotisierte Meerschweinchen noch nicht vollständig erwacht ist bzw. erneut beim Tierbesitzer einschläft.

Solange das Tier schläft, kann die Körperinnentemperatur rektal mittels Thermometer in regelmäßigen Abständen (alle 10 Minuten) so lange kontrolliert werden, bis das Tier wieder in Brustlage alle vier Gliedmaßen belastet und Futter aufnimmt. So kann der Aufwärmvorgang, z. B. mit einer handwarmen Wärmflasche, genauer eingeschätzt werden. Eine Überhitzung (durch eine elektrische Wärmematte, Rotlicht etc.) ist allerdings weitaus belastender für das Tier, sie sollte unbedingt vermieden werden. Die normale Körpertemperatur eines Meerschweinchens beträgt 38,5 °C.

Eine unverzügliche Futter- und Wasseraufnahme nach einer Narkose spricht für eine komplette Erholung von dieser Belastungssituation. Angeboten werden sollten ein bekanntes, vom Tier schon vor der Narkose aufgenommenes Trockenfutter sowie geringe Mengen hochwertiges, nicht blähendes Grünfutter oder Obst (z. B. ein Stück Apfel).

Euthanasie

Offensichtlich leidende Meerschweinchen mit inoperablen Tumoren oder anderen schwersten Erkrankungen sollten – wenn keine Hoffnung auf Heilung zu erkennen ist – in Anbetracht des Tierschutzgedankens nach eingehender Untersuchung und Rücksprache vom Tierarzt eingeschläfert werden. Eine solche Entscheidung fällt sicherlich weder dem Tierarzt noch dem Halter leicht, kann aber in manchen Fällen das Beste für das Meerschweinchen sein.

Schwere Tumoren können eine Euthanasie nötig machen. Foto: C. Ehrlich

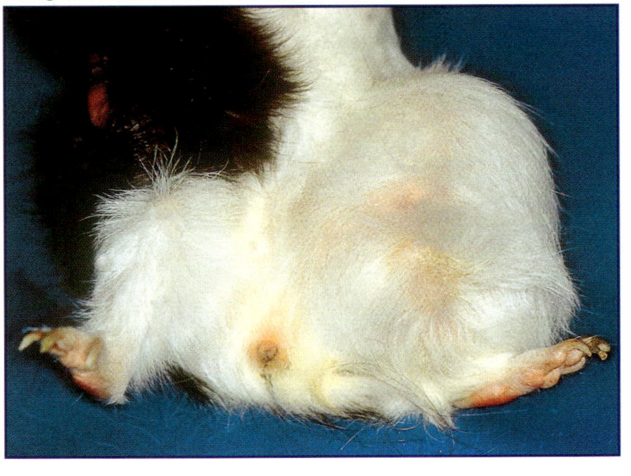

Wilde Meerschweinchen halten

Während die Haltung domestizierter Meerschweinchen seit Jahrzehnten sehr beliebt ist, beschäftigen sich erst seit einigen Jahren auch Menschen mit der Haltung und Zucht wilder Meerschweinchen. Auch wenn man in der Regel nicht die Möglichkeit hat, die Tiere zu streicheln, gibt es doch viele interessante Aspekte der Haltung dieser Wildformen – vor allem, weil der interessierte Beobachter in das Leben der „Vorfahren" unserer Hausmeerschweinchen eintauchen kann.
Derzeit befinden sich kleine Populationen von Aperea-Wildmeerschweinchen (*Cavia aperea*), Grauen Wieselmeerschweinchen (*Galea musteloides*) und Münsterschen Wieselmeerschweinchen (*Galea monasteriensis*) in Privathand und werden seit einigen Jahren auch regelmäßig vermehrt. Gelegentlich werden auch Felsenmeerschweinchen (*Kerodon rupestris*) angeboten, deren Haltung aber Spezialisten mit sehr viel Platz, Zeit und Erfahrung vorbehalten ist. Zudem unterscheidet sich die Haltung von Felsenmeerschweinchen teilweise immens von der anderer wilder Meerschweinchen oder Hausmeerschweinchen.

Aperea-Wildmeerschweinchen (*Cavia aperea*) Foto: C. Ehrlich

Felsenmeerschweinchen oder Moko (*Kerodon rupestris*) Foto: C. Ehrlich

Unterschiede in der Haltung

Es gibt einige grundsätzliche Unterschiede in der Haltung von wilden Meerschweinchen verglichen mit Hausmeerschweinchen. So brauchen die Wildformen mehr Platz als die domestizierten Tiere, da sie einen viel höheren Bewegungsdrang haben und wesentlich geringere Tierdichten vertragen (s. „Domestikationsgeschichte", S. 31). Außerdem müssen die Wildformen deutlich mehr Versteckmöglichkeiten bekommen als Hausmeerschweinchen – am besten ist der Käfig nur von einer Seite einsehbar. Bei nach oben offenen Anlagen muss bedacht werden, dass wilde Meerschweinchen in Paniksituationen deutlich über 80 cm hoch springen können.

Bei etlichen Haltern haben sich große Holzboxen für die Haltung wilder Meerschweinchen bewährt, da die Tiere darin weniger ängstlich reagieren als in vergitterten Käfigen (höheres Schutzgefühl). Grundsätzlich haben wilde Meerschweinchen nichts in regelmäßig für andere Tätigkeiten benutzten Räumen zu suchen, da die Präsenz von Menschen auch nach Monaten der Gewöhnung immer noch zu Stressreaktionen führen kann. Es ist auch möglich, Meerschweinchen in überdachten und nach unten gesicherten Anlagen im Freien zu halten, solange die Tiere einen frostfreien, trockenen Schutzraum aufsuchen können.

Es gibt einige weitere Unterschiede bei der Gruppenzusammensetzung und Haltung der Wildformen, die im Folgenden für die drei am häufigsten gepflegten Arten aufgezeigt werden sollen. Die Ernährung entspricht aber derjenigen der Hausmeerschweinchen.

Aperea-Wildmeerschweinchen (*Cavia aperea*)

Wildmeerschweinchen leben in Paaren oder Harems: Ein Männchen bildet also zusammen mit einem bis mehreren Weibchen und deren Jungtieren eine Gruppe. Männliche Wildmeerschweinchen sind – wenn Weibchen anwesend sind – untereinander extrem unverträglich, daher kann in einer Gruppe niemals mehr als ein Männchen gepflegt werden. Wildmeerschweinchen-Weibchen bekämpfen sich hingegen nicht und können in der Regel problemlos zu mehreren gehalten werden. Sie bilden dann stabile lineare Dominanzhierarchien aus, die altersabhängig sind: Das älteste Weibchen ist dabei immer das ranghöchste Tier und dominant über alle anderen Weibchen, während das jüngste Weibchen den untersten Platz in der Rangordnung besetzt.

Tipp: Freilandhaltung

Wildmeerschweinchen können im Freien ganzjährig in gesicherten Anlagen gehalten werden, z. B. hinter Glasscheiben. Die Tiere überstehen sogar kalte Winter (bis -15 °C), wenn sie rechtzeitig (also im Mai) ins Freie gesetzt wurden und ihnen ein trockener und zugfreier Stall zur Verfügung steht. Interessant sind die Pfade, die sich die Tiere anlegen und regelmäßig ablaufen. Eine Einrichtung aus Findlingen, Wurzeln und hohlen Baumstämmen bietet den Tieren eine Bereicherung der künstlichen Umwelt, die gerne angenommen wird.

Werden neue Tiere in die Gruppe gesetzt oder Gruppenmitglieder entfernt, kommt es zu Rangordnungskämpfen. Dabei bringen sich auch Weibchen gegenseitig teilweise schwere Verletzungen bei, wenn das im Kampf unterlegene Exemplar nicht fliehen oder sich verstecken kann; aus diesem Grund ist auch auf genügend Versteckmöglichkeiten im Gehege zu achten. Grundsätzlich sollte jedem Tier mindestens ein eigener Unterschlupf ange-

Aperea-Wildmeerschweinchen brauchen viele Versteckmöglichkeiten. Foto: C. Ehrlich

boten werden, da Gruppen von Aperea-Wildmeerschweinchen im Vergleich zu den anderen Arten nur selten beisammen ruhen.
Zwischen Männchen und Weibchen ist die Verträglichkeit im Allgemeinen sehr hoch, und es kommt praktisch nie zu Beschädigungskämpfen.
In der Regel ist es empfehlenswert, die Gruppengröße bei der Haltung zu beschränken und Wildmeerschweinchen paarweise oder in kleinen Gruppen zu halten, bestehend aus einem Männchen und zwei Schwestern bzw. Mutter und Tochter. Um den Tieren auch in Menschenhand möglichst artgerechte Verhältnisse zu bieten, sollte die Größe einer Anlage nicht unter 3 m² liegen.
Im Haus können die Tiere z. B. in einer (nach oben offenen) Anlage in einem wenig genutzten Raum untergebracht werden. Als Substrat dient die handelsübliche Kleintiereinstreu, gemischt mit ein wenig feinem Fluss- oder Quarzsand. Die Einrichtung des Geheges kann aus Wurzeln, Steinen sowie künstlichen Versteckmöglichkeiten bestehen.

Graues Wieselmeerschweinchen (*Galea musteloides*)

Anders als Aperea-Wildmeerschweinchen leben Graue Wieselmeerschweinchen in großen gemischtgeschlechtlichen Gruppen, bestehend aus mehreren Männchen und mehreren Weibchen. Die Männchen sind untereinander ziemlich verträglich, bei Auseinandersetzungen innerhalb der Gruppe kommt es nicht zu schweren Verletzungen oder gar Todesfällen wie bei den Aperea-Wildmeerschweinchen. Männliche Wieselmeerschweinchen bilden dagegen stabile lineare Rangordnungen aus, in denen meist das schwerste Männchen das dominante Tier ist.
Innerhalb der Gruppe paaren sich alle Männchen mit den Weibchen, die Position innerhalb der Hierarchie hat also nichts mit dem Fortpflanzungserfolg der Männchen zu tun. Dabei legen die Weibchen offensichtlich großen Wert darauf, sich mit möglichst vielen Männchen zu paaren, sie fordern sie sogar geradezu dazu auf.
Unabhängig von den Männchen bilden auch die Weibchen eine lineare (allerdings weniger stabile) Rangordnung aus. Sie ist abhängig vom Alter und dem jeweiligen Stadium der Trächtigkeit oder Jungenaufzucht der Weibchen; diese Rangordnung ändert sich also regelmäßig. Es kann beispielsweise sogar passieren, dass das jüngste Weibchen zeitweise über alle anderen Geschlechtsgenossinnen dominant ist, nämlich wenn es als einziges ein Junges säugt.
Ein besonders auffälliges Verhalten der Wieselmeerschweinchen ist das regelmäßige „Huddling", wenn mehrmals täglich alle oder fast alle Mitglieder einer Gruppe dicht

Tipp: Platzansprüche
Bei der Haltung Grauer Wieselmeerschweinchen sollte man wie beim Aperea-Wildmeerschweinchen den Platzansprüchen gerecht werden und 3 m² für 3–6 Tiere nicht unterschreiten. Im Gegensatz zum Aperea-Wildmeerschweinchen liegen Wieselmeerschweinchen gerne beieinander, deshalb kommen sie mit weniger Unterschlüpfen aus.

Besonders schöne Außenanlage zur Haltung wilder Meerschweinchen Foto: C. Ehrlich

aneinander gedrängt und teils übereinander sitzend oder liegend ruhen. Aufgrund dieser Verhaltensweisen sollten Wieselmeerschweinchen immer in größeren Gruppen mit mindestens vier Tieren (am besten mehrere Männchen und Weibchen) gehalten werden. Graue Wieselmeerschweinchen wurden bereits erfolgreich in Gruppen mit mehr als zehn Tieren gepflegt.

Wohl aufgrund ihres wärmeren Herkunftsgebietes lassen sich Graue Wieselmeerschweinchen nur mit etwas Aufwand im Freien überwintern. Dazu benötigt man einen isolierten Stall, der mit sehr viel Heu und Stroh gepolstert sein muss. Im Sommer genießen sie die Sonnenstrahlen und können in Freianlagen ähnlich wie Wildmeerschweinchen gepflegt werden. Bei der Haltung in einer Außenanlage muss stets (auch im Sommer) ein trockener und zugfreier Stall zur Verfügung stehen, in den sich die Tiere bei Regen und schlechtem Wetter zurückziehen können. Die Wintermonate (Oktober–April) sollten die Tiere in einem geheizten Raum (mindestens 10–15 °C) verbringen.

Münstersches Wieselmeerschweinchen (*Galea monasteriensis*)

Diese Art wird erst seit einigen Jahren gehalten, und es gibt in vielen Bereichen noch keine gesicherten Angaben. Die Art unterscheidet sich vom Grauen Wieselmeerschweinchen durch ein häufig (aber nicht immer) bräunlicheres Fell, ein leicht geringeres Körpergewicht und ein deutlich anderes Sozialverhalten: Wissenschaftler berichten bei Münsterschen Wieselmeerschweinchen von einem extrem hohen Maß an Aggression sowohl zwischen unbekannten Männchen als auch Weibchen. Allerdings gibt es auch „harmonierende" Paare, die sich zeitlebens gut verstehen und bei denen keine Aggressionen untereinander auftreten. Leider ist es nicht ganz einfach, solche Paare zu finden: Man muss den Männchen und Weibchen oft erst mehrere Partner anbieten, bis zwei sich gut verstehende Tiere gefunden sind. Das Münstersche Wieselmeerschweinchen ist die einzige monogam lebende Meerschweinchenart.

Solche Paare der Münsterschen Wieselmeerschweinchen lassen sich bereits auf 1,5 m^2 tiergerecht halten, wenn sie die Möglichkeit haben, durch quer stehende Baumstämme auch die Höhe eines Geheges zu nutzen. Sie benötigen Versteckmöglichkeiten in Form hohler Baumstämme oder eines Heuhaufens zum Einwühlen. Werden die Tiere im Freien gehalten, was ihnen sichtlich gut tut, sollte die überdachte Freianlage (mit Warmhaus) ebenfalls mit zahlreichen Steinen und Versteckmöglichkeiten gestaltet sein. Zumindest Teile der Anlage sollten auch mit Quarzsand bestreut sein, um den Tieren ein Sandbad zu ermöglichen.

Wenn Sie mehr über die Haltung und Zucht von wilder Meerschweinchen erfahren möchten, empfehlen wir Ihnen die Spezialliteratur sowie ein Gespräch mit einem erfahrenen Halter (Adressen gibt es bei den Vereinen) oder einem Tierpfleger eines Zoos, in dem auch wilde Meerschweinchen gehalten werden.

Noch immer eine Seltenheit: Nur ganz wenige Halter pflegen das Sumpfmeerschweinchen (*Cavia magna*). Foto: B. Jordan

Danksagung

Wir möchten an dieser Stelle allen danken, die zur Fertigstellung dieses Buches beigetragen haben, vor allem natürlich unserem Lektor Kriton Kunz und dem Team des Natur und Tier - Verlags. Außerdem danken wir ganz besonders Prof. Dr. Michael Fehr für die Bereitstellung des Kapitels „Gesunderhaltung und Krankheiten", Anne Weber für die kritische Durchsicht des Manuskripts und den Fotoautoren für ihre hervorragenden Bildvorlagen, ohne die dieses Buch sicherlich nicht so abwechslungsreich geworden wäre. Ein weiterer Dank gilt all denen, die durch kurze oder ausführlichere Hinweise über die Haltung, Biologie oder Zucht von Meerschweinchen zur Abrundung des Buches beitrugen. Nicht zuletzt danken wir unseren Familien und Freunden, die häufig wenig von uns hatten, während wir dieses Buch schrieben.

Adressen

Zeitschriften

RODENTIA Nager & Co
Populärwissenschaftliches Kleinsäuger-Fachmagazin mit vielen Artikeln zum Thema Meerschweinchen. Die Zeitschrift veröffentlicht zudem weitere Ausgaben als Exoten-Sonderheft, worunter auch die Meerschweinchen-Wildformen fallen.

Natur und Tier - Verlag, An der Kleimannbrücke 39/41, D-48157 Münster
Telefon: 0251/13 33 9-0, Fax: 0251/13 33 9-33
E-Mail: verlag@ms-verlag.de, Internet: www.ms-verlag.de

Viele Vereine geben eigene Zeitschriften heraus. Näheres erfahren Sie bei den entsprechenden Vereinigungen (s. u.).

Vereine

Deutschland
Meerschweinchenfreunde Deutschland (MFD) BD
Geschäftsstelle, Postfach 250222, 68085 Mannheim
Internet: www.meerschweinchenfreunde.de

Meerschweinchenhilfe
Unterdorfstr. 35, D-70794 Filderstadt-Bonlanden
Internet: www.meerschweinchenhilfe.de

Norddeutscher Meerschweinchen- und Kleinnagerverein e. V. (NMKV)
Richard Olschewski, Siedlerweg 32, 38459 Rickensdorf
Internet: http://www.nmkvev.de

Vereinigung Deutscher Rassemeerschweinchenzüchter (VDRZ)
Birgit Klee, Postfach 68, D-34287 Zierenberg
Internet: www.vdrz.de

Verein Deutscher Meerschweinchenzüchter
Karin Stüber, Hommelstrasse 7, D-53359 Rheinbach-Flerzheim
Internet: http://www.meerschweinchen.de

Berliner Meerschweinchen und Nagerclub e. V. (BMNC)
Hans - Joachim Laatsch, Dahlmannstr.24, 10629 Berlin
Internet: www.bmnc.de

Ostfriesischer Meerschweinchen und Nager Club e. V. (OMNC)
Herbert Janssen, 27404 Volkensen
Internet: www.omnc.de

Deutscher US-Teddy Spezialclub und Freunde e. V.
Sigrid Tooson, Hettenrodter Str. 44, 55743 Idar-Oberstein
Internet: www.us-teddyclub.de

Schweiz

Vereinigung der Schweizer Meerschweinchenfreunde
John Day, Alte Gfenstr. 84, CH-8600 Dübendorf
Internet: http://www.meerschweinchenfreunde.ch

Österreich

Verein der Meerschweinchenfreunde in Österreich W6
Gaby Gotschke, Oberzellergasse 1/17/9, A-1030 Wien
Internet: www.meerschweinchenverein.at

Rassezuchtverein Österreischicher Kleintierzüchter
Mollgasse 11-13, A-1180 Wien
Internet: www.kleintierzucht-roek.at

Niederlande

Nederlandse Caviafokkers Club (NCC)
Anneke Vermeulen-Slik, Ritbrökstraat 53a, NL-7311 GC Apeldoorn
Internet: www.ncc.nl

Niederländischer US Teddy Speciaalclub
Joyce den Otter, Wellseindsedijk 4, 5325 KD Well (Gld)
Internet: www.us-teddyclub.nl

Belgien

Vlaamse Cavia Club (VCC)
Marie-Christine Blockeel, Brandstraat 12, B-9870 Machelen-Zulte

Dänemark

Dansk Marsvine Klub
DK-Rodstensvej 26, 4780 Stege
Internet: http://www.marsvineklub.dk

Schweden
Svenska Marsvinsföreningen (SMF)
Maria Wigenburg, Radalen 4, S-13960 Varmdo
Internet: www.svenskamarsvins-foreningen.se

Frankreich
Cavia Club de France
Mme Buchlin, B.P.28, F-67040 Barr

Ungarn
Cavy and Dwarf Rabbit Club
Istvan Siklosi, 2360 Gyal, Munkacsy utca 39, Ungarn
Internet: www.extra.hu/piglet

USA
American Cavy Breeders Association (ACBA)
Secretary/Treasurer: Lenore Gergen, 16540 Hogan Avenue, Hastings, Minnesota 55033, USA
Internet: www.ACBAOnline.com

Kanada
Ontario Cavy Club Inc.
Secretary/Treasurer: Gail King, 50 Whyte Avenue, Stratford, Ontario, Canada
Internet: www.ontariocavyclub.com

Literatur

ACBA (1979): American Cavy Breeders Association. Official Guide Book, 6. Aufl. – Eigenverlag, Hastings
ALT, G. (2002): Schöner wohnen – Naturnah gestaltete Außenanlagen für Meerschweinchen. – RODENTIA 2(4): 35–37
ALTMANN, F. D. (2004): Meerschweinchen. – Verlag Eugen Ulmer, Stuttgart
ANONYMUS (2003): Wissenswertes: Schnelle Babymeerschweinchen. – RODENTIA 3(5): 9
BEHREND, K. (1990): Meerschweinchen. – Gräfe und Unzer, München
BENECKE, N. (1994): Der Mensch und seine Haustiere. – Konrad Theiss Verlag, Stuttgart
BERNARD, P. (2002): Meerschweinchen mit Locken. – RODENTIA 2(3): 24-27
BNA (BUNDESVERBAND FÜR FACHGERECHTEN NATUR- UND ARTENSCHUTZ) [HRSG.] (2004): Schulungsordner Kleinsäuger. – Eigenverlag, Hambrücken
BIRMELIN, I. (2000): Mein Meerschweinchen und ich. – Gräfe und Unzer, München
BOSCHMANN, J. (2002): Die Show kann beginnen – Ausstellungsvorbereitung für Peruaner und andere Langhaarmeerschweinchen. – RODENTIA 2(3): 28–30
BREITKOPF, C. (2002): Nager-TÜV – der tägliche und wöchentliche Gesundheits-Check. – RODENTIA 2(4): 42–44
CADENA, M. (2001): Cuys in Südamerika. – RODENTIA 1(4): 64
CASTLE, W. E. (1908): A new colour variety of the guinea-pig. – Science 28: 250–252
CLAUS, H. (1999): Cavy Genetics. – American Cavy Breeders Association, Hastings
DEICKE, E. F. (1918): Cavies for Pleasure and Profit. – Eigenverlag, Lombard
DETLEFSON, J. A. (1914): Genetics Studies on a Cavy Species Cross. – Carnegie Institution Press, Washington
DRESCHER, B. (2003): Artgerechte Fütterung von Meerschweinchen. – RODENTIA 3(6): 21–23
EHRLICH, C. (2001a): Wilde Meerschweinchen. – RODENTIA 1(3): 16–21
– (2001b): Das US-Teddy-Meerschweinchen (*Cavia aperea* f. *porcellus*). – RODENTIA 1(4): 39–42
– (2002a): Langhaar-Meerschweinchen. – RODENTIA 2(3): 16–20

– (2002b): Meerschweinchen und Kaninchen. – RODENTIA 2(6): 14–19
– (2002c): Klarer Wahlausgang: Wissenschaftler befragten Meerschweinchen zum Thema Kaninchen. – RODENTIA 2(6): 25–26
– (2003a): Das Aperea-Wildmeerschweinchen (*Cavia aperea*). – RODENTIA 3(1): 31–34
– (2003b): Ernährung von Meerschweinchen. – RODENTIA 3(6): 16–20
– (2004a): Ein Käfig voller Rentner – Meerschweinchen im Alter. – RODENTIA 4(3): 44–46
– (2004b): Rassemeerschweinchen. – RODENTIA 4(6): 14–18
ELWARD, M. (1984): Encyclopedia of Guinea Pigs. – THF Publications, Neptune City
D'ERCHIA, A. M., C. GISSI, G. PESOLE, C. SACCONE & U. ARNASON (2002): The guinea-pig is not a rodent. – Nature 381: 597–600
EWRINGMANN, A. (2001): Knochenkrankheit durch Gendefekt? – RODENTIA 1(2): 63–65
GADE, D. W. (1967): The guinea pig in Andean folk culture. – Rev. 57: 213–224
HAMEL, I. (2002): Das Meerschweinchen als Patient, 2. Aufl. – Enke Verlag, Stuttgart HEINEMANN, D. (1980/2000): Die Meerschweinchenverwandten. In: Grzimeks Tierleben, Bd. 11. – Weltbild-Verlag, Augburg
HERRE, W. & RÖHRS, M. (1990): Haustiere - zoologisch gesehen. – Gustav Fischer Verlag, Stuttgart
HEUBLEIN, A. (2003): Meerschweinchen-Haltung auf dem Balkon. – RODENTIA 3(5): 28–30
HOHOFF, C. (2001): Biologie und Verhalten wilder Meerschweinchen. – RODENTIA 1(3): 26–29
JORDAN, B. (2001): Die Haltung wilder Meerschweinchen. – RODENTIA 1(3): 22–25
KEIL, A. & N. SACHSER (1998): Reproductive benefits from female promiscuous mating in a small mammal. – Ethology 104: 897–903
KLEE, B. (2003): Meerschweinchenfütterung im Jahresverlauf. – RODENTIA 3(6): 27–29
KÜNZL, C. (2001): Die Domestikation des Meerschweinchens. – RODENTIA 1(3): 30-33
–, E. MEIER & N. SACHSER (1999): Ist ein Wildmeerschweinchen in Menschenhand noch ein Wildtier? In: Aktuelle Arbeiten zur artgemäßen Tierhaltung 1998. – KÜNZL, C. & N. SACHSER (1999): The behavioral endocrinology of domestication: a comparison between the domestic guinea pig (*Cavia aperea* f. *porcellus*) and its wild ancestor, the cavy (*Cavia aperea*). – Horm. Behav. 35: 28–37
– (2000a): Auswirkungen der Domestikation auf Verhalten und endokrine Anpassungsreaktionen beim Meerschweinchen. Sonderheft Tiergerechte Haltung und Stressbewältigung beim Nutztier. – Archiv für Tierzucht (Hrsg.: Forschungsinstitut für die Biologie landwirtschaftlicher Nutztiere, Dummerstorf) 43: 153–158
– (2000b): Sozialverhalten und soziale Organisation von Wild- und Hausmeerschweinchen. Schriftenreihe Tierlaboratorium des Bundesinstituts für gesundheitlichen Verbraucherschutz und Veterinärmedizin. – KTBL-Schrift (Hrsg.: Deutsche Veterinärmedizinische Gesellschaft) 382: 107–114
KÜSTER, A. (2001a): Narkose bei Kleinnagern und Kaninchen. – RODENTIA 1(1): 70–71
– (2001b): Kastration von Meerschweinchen und Kaninchen. – RODENTIA 1(2): 70–71
– (2001c): Grabmilben und Hautpilz bei Meerschweinchen. – RODENTIA 1(3): 70–71
– (2001d): Kastration von Meerschweinchen und Kaninchen. – RODENTIA 1(2): 70–71
– (2004): Zoonosen durch Meerschweinchen. –RODENTIA 4 (1): 58–59
KÜSTER, I. (2001): Meerschweinchen im Garten. – RODENTIA 1(1): 46–50
– (2002): Kaninchen und Meerschweinchen – ideale Partner? – RODENTIA 2(6): 20–24
– (2003): Meerschweinchen: Welches Futter und wie viel – falsche Ernährung und ihre Folgen. – RODENTIA 3(6): 24–26
– (2004): Trächtigkeitstoxikose beim Meerschweinchen. – RODENTIA 4(4): 45–47
LUDWIG, A. (2001): Die Zucht von Peruanern. – RODENTIA 1(2): 52–55
LAUX, D. (2003): Abenteuerspielplatz für Meerschweinchen. – RODENTIA 3(1): 43–45
LEWEJOHANN, L. & C. EHRLICH (2005): Neue Meerschweinchen-Art beschrieben: Das Münstersche Wieselmeerschweinchen (*Galea monasteriensis*). – RODENTIA 5(1): 8
LÖSCH, E. (2002): Männerfreundschaft – Über die Haltung von Meerschweinchen-Böcken. – RODENTIA 2(2):43–45
– (2004): Rassemeerschweinchen zu Hause. – RODENTIA 4(6): 22–23
– (2005): Tipps vom Züchter: Was Sie schon immer über Meerschweinchen wissen wollten. – RODENTIA 5(1): 42–43
MALEK, T. (2003): Aller Anfang ist schwer – Die ersten Wochen im Leben eines Meerschweinchens. – RODENTIA 3(2): 35–37

MFD (MEERSCHWEINCHENFREUNDE DEUTSCHLAND (BD)) [Hrsg.] (1999): Bundesdeutscher Verbandsstandard für Rassemeerschweinchen. – MFD BD e. V., Frankfurt am Main
MICHÄLS, E. (1924): Cavy Culture. – Eigenverlag, Philadelphia
NOWAK, R. M. (1999): Walker's Mammals of the World, Volume 2. – John Hopkins University Press, Baltimore/London
PELZ, I. (2001): Mehr über Meerschweinchen, 2. Aufl. – Oertl & Spörer, Reutlingen
PRUST, G. (1996): Meerschweinchen. – bede, Ruhmannsfelden
– (2002): Tan- und Fox-Meerschweinchen. – RODENTIA 2(3): 52–55
– (2003): Dalmatiner- und Schimmelzeichnung bei Meerschweinchen. – RODENTIA 3(4): 42–44
– (2004): Eine ganze Cavia-Palette – Farben und Zeichnungen der Rassemeerschweinchen in einer Übersicht. – RODENTIA 4(6): 24–26
REDFORD, K. H. & J. F. EISENBERG (1992): Mammals of the neotropics (2. Aufl.). – The University of Chicago Press, Chicago, Illinois
ROOD, J. P. (1970): Ecology and social behavior of the desert cavy (*Microcavia australis*). –Amer. Midl. Nat. 83: 415–454
– (1972): Ecological and behavioural comparisons of three genera of Argentine cavies. – Anim. Behav. Monogr. 5: 1–83
ROSE, G. (2002): Coronet-Meerschweinchen. – RODENTIA 2(3): 21–23
– (2004): Nur einmal Junge – Kastrierter Meerschweinchenbock mit Weibchen. – die ideale Haltung? – RODENTIA 4(2): 46–48
ROSE, R. (2002): Von Anfang an: Geburt und Aufzucht der Jungen beim Meerschweinchen. – RODENTIA 2(1): 50–53
RÖSSEL, D. (2001): Kleintiere in der Mietwohnung – auch ein rechtliches Problem. – RODENTIA 1(1): 11
RUDLOFF, K.: Wilde Meerschweinchen – Beschreibung zur Systematik und Namensgebung. – BAG Mitt. 1/1999, Berlin
SACHSER, N., E. SCHWARZ-WEIG, A. KEIL & J. T. EPPLEN (1999): Behavioural strategies, testis size, and reproductive success in two caviomorph rodents with different mating systems. – Behaviour 136: 1203–1217
SCHWARZ-WEIG, E. & N. SACHSER (1996): Social behaviour, mating system and testes size in cuis (*Galea musteloides*). – Z. Säugetierk. 61: 25–38
SISTERMANN, R. (2004): Zur Geschichte der Rassemeerschweinchen. – RODENTIA 4(6): 19–21
SOLE, A. (1969): Cavies. – Cassell & Company Ltd., London
SOLMSDORFF, K., C. HOHOFF & N. SACHSER (2000): A new species of South American rodents. – Zoology 103, Supplement III (DZG 93.1): 105
STEEL, C. (2002): Agoutis. – Hrsg. von: Journal of the American Cavy Breeders Association, Hastings
STRACKE, R. (2003): Giftig: Diese Pflanzen sind für Meerschweinchen gefährlich. – RODENTIA 3(6): 30
TEUBERT, F. (2002): Gegrilltes Meerschweinchen am Spieß – Eindrücke einer Reise durch Peru und Bolivien. – RODENTIA 2(6):27–30
TOOSON, S. (2002): US-Teddys. – RODENTIA 2(5): 38–41
– (2003): Vierfarbige Meerschweinchen – ein Phänomen? – RODENTIA 3(2): 6
– (2004a): Urtümlich und doch hochmodern: Meerschweinchen mit Agoutifärbung. – RODENTIA 4(1): 48–51
– (2004b): Faszination der Flecken – Über Meerschweinchen mit Weiß-Scheckung. – RODENTIA 4(5): 35–37
WHITEWAY, C. (1975): Colour Genetics of the Cavy, An introduction. – Published by David Whiteway, Somerset
WILSON, D. E. & D. M. REEDER (1993): Mammal Species of the World: A Taxonomic and Geographic Reference, 2. Aufl. – Smithsonian Institution Press, Washington & London
WOODS, C. A. (1984): Hystricognath rodents. *In*: Orders and families of Recent mammals of the world. – John Wiley & Sons, New York
WRIGHT, S. (1915): The albino series of allomorphs in the guinea pigs. – Amer. Nat. 49, 140–148
– (1917): Colour inheritance in mammals V. the guinea-pig. – J. Hered. 8: 476–480
WRIGHT, S. (1923): Two new colour varieties of the guinea pig. – Amer. Nat. 57: 42–51
ZEDDIES, M. (2001): Cuys – Sanfte Riesen. – RODENTIA 1(4): 62–65